털의 혁명

김인식 지음

털의 혁명은 저자의 경험 등 백방의 실험과 연구를 바탕으로 서술되었습니다.
(오랫동안 물심양면으로 도움을 주신 서경애 님, 육동식 님. 그리고 조언해 주신 여러분 감사합니다♡)

털의 혁명

흰머리 · 흰 눈썹 · 흰 속눈썹 · 흰 수염 역사 속으로

김인식 지음

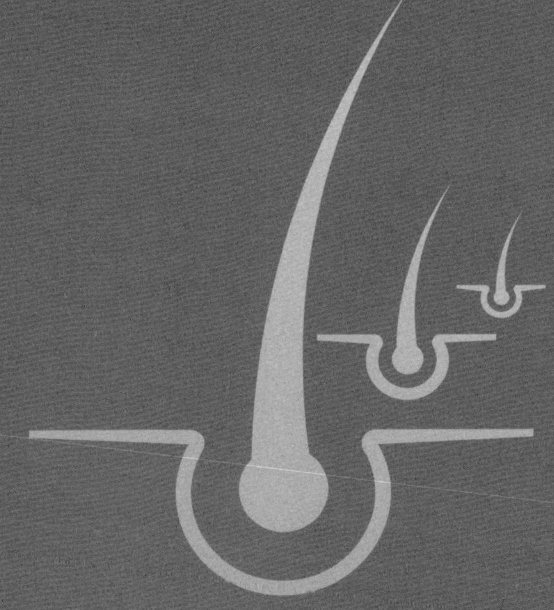

기상천외한 속눈썹 운동 · 눈썹 운동 · 머리털 운동 · 수염 운동

[예방] 눈썹 · 속눈썹 · 머리털 · 수염 – 평생 탈모 예방은 물론 허옇게 세지 않게 원천 예방!

[개선] 흰머리 · 흰 눈썹 · 흰 수염 · 흰 속눈썹 – ①탈모 개선 100% ②검은 그대로 원상회복!

생각나눔

목 차

제4부 수염 혁명

머리말
털은 나이를 먹지 않는다

■ 요지

개체마다 털집에 털뿌리, 멜라닌 세포 등으로 이루어진 털(머리털·눈썹·속눈썹·수염 등)은 적절한 외부 활력(자극)이 털집(털뿌리, 멜라닌 세포)마다 매일 미친다면 ①한평생 벗어지거나 허옇게 세지 않는 등 나이를 먹지 않습니다. ②벗어지거나 허옇게 센 증상이 발생하면 털의 혁명(개선 운동) 과정을 통해 탈모 100% 개선은 물론 검은 그대로 되돌릴 수 있습니다(털뿌리가 살아 있는 경우).

■ 원천 예방(벗어지거나 허옇게 세는 증상이 발생하지 않은 사람 고등학생 이상)

①털뿌리 활력 유지

②멜라닌 세포 기능 유지

털이 허옇게 세거나 벗어지지 않은 시절부터 털의 혁명(예방 운동) 머리털 운동, 눈썹 운동, 속눈썹 운동, 수염 운동 등 각 과정에 따라 매일 운동하면 한평생 벗어지거나 허옇게 세지(속눈썹은 숱이 많게, 각자 원하는 만큼 기다랗게) 않습니다(증명 원상회복 과정).

■ **원상회복(벗어지거나 허옇게 세는 증상이 발생한 사람)**

- 털의 혁명(개선 운동 ①털뿌리 활력 회복 ②멜라닌 세포 기능 회복)

- 벗어지거나(털뿌리 활력 저하) 허옇게 세는(멜라닌 세포 기능 저하) 증상은 인체의 성장기가 지나고 자연을 차단한 생활 동굴 속(가정, 직장, 자동차 등) 열악한 털의 환경과 취침 중 털집이 들어 있는 해당 피부 경직이 맞물리면서 발생하는 증상으로 털의 혁명(개선 운동)으로 원상회복이 가능하고 더 이상 벗어지거나 허옇게 세는 증상이 발생하지 않습니다.

증명1. 탈모 증상의 개선

　　털의 혁명(개선 운동) 흰머리 운동·흰 눈썹 운동·흰 속눈썹 운동·흰 수염 운동 등 각각 피부 특징(단단하고, 부드럽고, 얇고, 두껍고 등)에 적합한 맞춤형 운동으로 벗어진 털집마다 돋아나는 털싹(살아 있는 털뿌리는 모두 재생)을 확인할 수 있습니다.

증명2. 허옇게 센 증상의 회복

　　털의 혁명(개선 운동) 각기 과정을 통해 허옇게 센 털은 검은 털로 회복(빠르면 이튿날부터~늦으면 6개월)하고 벗어진 털집마다 돋아나는 검은 털싹을 확인할 수 있습니다(예외 허옇게 센 털이 빠르게 회복하지 못하거나 검은 털로 회복하지 못한 채 허옇게 센 털싹으로 돋아나는 경우 회복하는데 6~12개월 정도 소요될 수도 있습니다. 특히 흰머리, 흰 수염 경우 멜라닌 세포의 노화 상태 및 피부 특징, 털집 위치, 깊이, 운동 받침, 운동

의 영향력, 털의 길이 등에 따라 검은 머리, 검은 수염으로
100% 원상회복이 어려울 수 있으며 평균 회복률은 개선 운동,
첫머리마다 각각 표시되어 있습니다).

증명3. 벗어지거나 허옇게 세지 않는 몸털의 예시

같은 인체에서도 취침 중 해당 피부에 경직 없고, 일상(활동)에
서 원시적인 거친 자연환경처럼 강한 영향력이 매일 미치는 액
모 등 일부 몸털은 왁싱이나 레이저 제모 등으로 일부러 없애
기 전에는 한평생 벗어지거나 허옇게 세지 않습니다.

증명4. 인체와 몸털

생활 동굴 속 문명 생활 환경에 적응하면서 건강도 점점 좋아
지고 수명도 갈수록 늘어나는 인체와는 달리 원시적인 거친
자연환경의 영향력에 적합한 머리털, 눈썹, 수염, 속눈썹 등은
적응하지 못하고 나이가 들수록 벗어지거나 허옇게 세는 증
상이 심해집니다. 특히(머리털 사례) 비빌 언덕이 없어 일상(활동)
에서 외부의 활력(자극) 충전이 전무한 여성(단발머리~머리채),
남성(머리채) 이마 부분, 남녀(짧은 머리, 각자 차이) ①이마 ②이
마~앞머리 ③이마~앞머리~윗머리 부분 경우 성장기가 지나
자마자 벗어지는 증상이 시작되는 경향이 있으므로 성장기 지
나기 전부터 원천 예방 운동이 중요합니다.

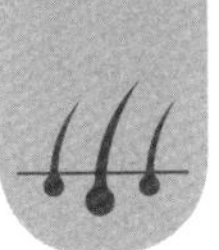

길 잃은 털의 역사를 깨우다

■ **눈썹의 역사를 깨우다**

잠자는 눈썹을 깨워 눈썹마다 갖가지 모양으로 부릅뜨고 로망을 노려라!

■ **속눈썹의 역사를 깨우다**

속 터지는 속눈썹을 깨워 털싹마다 길게 뻗어 하늘을 찌를 듯 솟구쳐라!

■ **머리털과 수염의 역사를 깨우다**

비몽사몽 헤매는 머리털과 수염을 깨워 인류마다 다양한 개성미로 고정 관념을 뚫고 세상을 빛내라!

■ **길 잃은 털의 역사를 깨우다**

인류의 역사가 시작되면서 털의 역사(①벗어지지 않는다. ②허옇게 세지 않는다)는 이루어졌습니다. 그동안 인류가 겪었던 머리털, 눈썹. 속눈썹, 수염이 벗어지거나 허옇게 세는 증상은 털이 아프다는 신호

였습니다(증명 털은 나이를 먹지 않는다). 그러므로 소중한 피부인 털
의 아픈 역사(벗어지거나 허옇게 세는 증상)가 다시는 되풀이 되지 않
도록 털의 혁명(예방, 개선 운동)으로 보호(원천 예방)하고, 사랑(원상
회복)합니다.

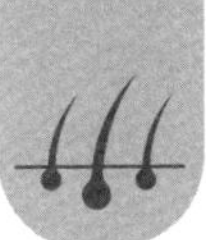

벗어지고 허옇게 세고, 3가지 원인과 혁명

1. 취침 중 털집이 들어 있는 해당 피부가 경직되기 때문이다(외부에서 미치는 활력이 없거나 미약한 상태서 취침 중 경직된 피부 속 털집의 털뿌리는 활력 저하, 멜라닌 세포 기능 저하로 이어지고 인체의 성장기가 지나면서 탈모 및 허옇게 세는 증상의 원인이 됩니다. 취침 중 경직되는 피부 속 벗어진 털집에 털뿌리가 살아 있어도 털싹이 건강하게 자라지 못하기 때문입니다). (개선) 털의 혁명(털 운동) 영향으로 취침 중 털집이 들어 있는 해당 피부가 경직되어도 털집마다 활성화 유지

2. 자연환경을 차단한 인류의 가정(집), 직장, 자동차 등 생활 동굴 속 열악한 털(머리, 눈썹, 속눈썹, 수염)의 환경 때문이다(사람의 몸털은 자연환경이 차단된 생활 동굴 속 환경에서는 건강하게 자라지 못하고 특히 인체의 성장기를 지나면서 갈수록 탈모 증상과 허옇게 세는 증상이 심해집니다). (개선) 털의 혁명(털 운동)으로 열악한 털의 환경을 원시적인 거친 자연환경 영향력처럼 개선하고 줄곧 유지하는 효과

3. 1년 내내 문명 생활에 따른 안팎의 환절기 현상 때문이다(계절
   과 관계없이 매일 지속되는 문명 생활에 따른 안팎의 환절기 현상은
   인체의 성장기가 지나고 나이가 들수록 심해지는 탈모 증상과 허옇
   게 세는 증상의 원인입니다). (개선) 털의 혁명(털 운동) 영향으로
   1년 내내 환절기 증상(벗어지고, 허옇게 세고)에서 벗어남

제1부

눈썹 혁명

손쉬운 예방 운동이 눈썹 혁명이다

눈썹 운동

■ 탈모·흰 눈썹 원천 예방 소복한 숲덩이 눈썹

• 눈썹 아침 운동

기상 후 경직된 눈썹 피부 이완 및 눈썹 털집(털뿌리, 멜라닌 세포)마다 소모된 활력을 보충하여 일상으로 활동하는 시간에 발생하는 눈썹 탈모 및 흰 눈썹 전조 예방 운동.

• 눈썹 저녁 운동

취침 중 털뿌리 활력 저하, 멜라닌 세포 기능 저하로 발생하는 탈모 및 흰 눈썹을 원천 예방하는 운동.

• 눈썹 수면 운동(한시적)

소복한 숲덩이 눈썹 그대로 한평생 유지 운동.

(인류 남녀 공통·고등학생 이상)

✦ 눈썹 운동으로 탈모·흰 눈썹 예방률

• 탈모 증상 예방 100%

- 흰 눈썹 증상 예방 100%
  - 아침, 저녁, 수면 운동 과정을 매일 제대로 적용한 경우.

눈썹 운동

인체 몸털 중에서 눈썹 탈모가 성장기를 지나면서 가장 먼저 유독 심하게 발생한다. 생활 동굴 속 열악한 눈썹 환경 외에도

①취침 중에 어김없이 눈썹 피부가 경직되기 때문이다.

②눈썹 부분과 가장자리가 작기 때문이다. 그러나 눈썹 운동이 당신의 눈썹을 보호할 것이다. 세수하듯이 매일 눈썹 운동을 습관화한다면 열악한 눈썹 환경에 취침 중 눈썹 피부가 경직되어도 털집(털뿌리, 멜라닌 세포)마다 활성화 유지로 한평생 탈모 증상이나 허옇게 세는 증상 없이 소복한 숯덩이 눈썹 그대로 유지한다.

✦ **눈썹 사랑 벗어지고 허옇게 세는 증상이 유독 심하게 발생하는 눈썹!**

기상 후 눈썹 피부가 단단하게 경직된 상태와는 달리 활동하는 시간에 다소 이완되는 것은 일상에서 깜박거리고, 세수하는 등 피부 움직임이 있기 때문입니다. 나라마다 기후나 남녀 등과 관계없이 사람 눈썹 피부는 취침 중에 어김없이 경직됩니다. 인체의 다른 털보다 유독 눈썹이 빨리 벗어지고 허옇게 세는 증상이 일찍 나타나고

있는 이유입니다. 또한 눈썹 부분은 작으면서 눈썹 가장자리는 원처럼 이어져 있습니다. 가장자리(눈썹, 이마 등)의 털이 벗어지거나 허옇게 세는 증상이 일찍 심하게 나타나는 특징이 있습니다.

■ **눈썹 운동(아침·저녁·수면 운동)**

• 피부 속 털집(털뿌리)마다 미치는 영향력

　상상 초월! 눈썹 운동 후 눈썹의 변화

항 목	변화·개선	느끼는 시기
증상 유무	①벗어지는 눈썹 없음(한평생). ②허옇게 세는 눈썹 없음(한평생).	이튿날부터.
눈썹 개선	피부 속 털집마다 돋아나는 왕성한 털싹으로 갈수록 숱덩이 눈썹으로 개선과 유지.	2개월부터.
눈썹 아침·저녁·수면 운동 과정 및 규정을 매일 적용한 경우.		

✧ **기상천외 눈썹 운동 혁명 필수 코스**

• 아침 운동(주요 과정) (1단계 집게 비비高 운동) (2단계 손가락 비비高 운동)

• 저녁 운동(주요 과정) (1단계 집게 비비高 운동) (2단계 손가락 비비高 운동)

• 수면 운동(한시적으로 선택 적용) (눈썹 고정 비비高 운동)

■ **눈썹 운동(적합한 대상자 & 적절한 타이밍)**

• 흰 눈썹이나 눈썹 탈모가 발생하지 않은 분(고등학생 이상).

• 흰 눈썹이 있어도 흰 눈썹 운동을 통해 탈모 증상에서 벗어난 분.

• 솜털처럼 눈썹 형태만 있고 더 이상 자라지 않는 눈썹인 분.

• 아침 운동 낮이든 밤이든 잠자리에서 일어나는 기상 후.

• 저녁 운동 정오~저녁 식사 시간대.

• 수면 운동 낮이든 밤이든 잠자리에 드는 취침 직전.

■ **눈썹 운동 주의할 분**

1. 눈썹 이식한 분

2. 눈썹 문신한 분(전문의 상담 후 결정).

✧ **눈썹 운동 시간대·소요 시간·준비물**

• 아침 운동: 기상 후 소요 시간 약 2분.

• 저녁 운동: 정오부터 저녁 시간대 소요 시간 약 4분.

• 수면 운동: 취침 직전 소요 시간 약 5분.

• 준비물 거울·피부 크림 or 비누·물수건 or 매표 해면기 등.

✧ **눈썹 사랑 운동 시간은 자유롭게!**

기상하고 아침 운동 시간이 부족한 분은 세수하면서 눈썹 손가락 비비高 운동하고 집게 비비高 운동은 등굣길(출근) 차에서, 학교(직장)에서 휴식 시간에 틈틈이 운동하세요. 저녁 운동 경우도 정오부터 저녁 시간대에 자유롭게 운동하세요. 아침 운동 후 3시간 이상 지난 다음에 저녁 운동하는 것이 좋습니다. 수면 운동은 되도록 수면 직전에 운동하고 취침하세요. 수면 중 눈썹이 달라집니다.

- 초심 '눈썹 운동' 시작 전에 운동 과정을 이해하십시오.
  눈썹 운동 설명 과정을 처음부터 끝까지 자세히 읽어 보시고 단계별 운동 방법, 주의, 요령 등을 숙지한 다음 운동을 시작하시고 세상을 떠나는 날까지 매일 소중한 '눈썹 운동' 초심을 잃지 마십시오.

■ **주의**

- 겨울 등 추운 날씨에는 피부 보호를 위해 따뜻한 실내에서 운동하십시오.

인류 남녀마다 눈썹의 크기, 모양새가 다양하고 눈썹 수효도 다소 차이가 나지만, 눈썹 운동(과정과 규정)은 똑같이(예방 운동, 개선 운농) 적용합니다.

■ **눈썹 아침 운동**

- 1단계(소복한 숯덩이 눈썹의 매력 눈썹 집게 비비高 운동)
  영향력 효과
  ○ 눈썹 털집(털뿌리)마다 활력 충전.
  ○ 눈썹이 벗어진 피부 속 털집마다 털싹이 돋아나도록 활력 충전.

○ 흰 눈썹과 탈모 증상 원천 예방 효과.

○ 소복한 숯덩이 눈썹으로 개선 및 한평생 그대로 유지.

○ 운동 자세 거울 앞(숙달하면 거울 없이도 운동이 가능합니다)

■ 운동 준비(집게 비비高 운동 시작 전, 눈썹 미온수 축이기)

참고 1) 아침 운동할 때 눈썹 피부는 단단하게 경직되어 있습니다. 무시하고 운동하면 피부도 아프고 피부 속 털집(털뿌리, 멜라닌 세포)마다 미치는 활력도 미약합니다.

참고 2) 머리털과 달리 눈썹은 길게 자라지 않고 짧으면서 뻣뻣한 특징이 있습니다. 눈썹이 메마른 상태에서 눈썹을 짓누르는 집게 운동하면 눈썹이 끊어질 수 있습니다. 반드시 눈썹 집게 비비高 운동 전에 물수건, 매표 해면기 등으로 양쪽 눈썹을 축이고 물기를 닦은 다음 집게 비비高 운동하십시오. 눈썹을 축이면 까슬까슬한 눈썹이 부드러워 눈썹 집게 비비高 운동 과정에서 끊어지는 현상이 발생하지 않습니다.

추운 나라, 더운 나라, 사계절과 관계없이 인류 공통입니다.

✡ point 미간~눈꼬리까지 집게 비비高 운동! (반드시 숙지)

동작: 눈썹 위쪽에는 검지, 가운뎃손가락으로 아래쪽에는 엄지로 집게 운동합니다 집게로 눈썹 피부를 집은 상태서 엄지로 누르며 피부 속을 강하게 문지르는 집게 운동을 왕복으로 반복하는 방법입니다(한 번 문지르며 집게 운동하면 1차례 동작, 연속으로 총 80차례). 피

부 겉이 아니라 피부 속 털집(털뿌리, 멜라닌 세포)마다 강한 활력을 충전하는 방법입니다. 특히 미간 옆 두꺼운 눈썹 부분은 더욱 강하게 집게 비비高 운동해야 합니다. 처음 1주일은 피부 적응을 위해 약하게 운동하시고 피부가 적응하는 2주부터는 강하게 운동하시기를 바랍니다(아침, 저녁 동일). 눈썹의 놀라운 변화는 2개월부터 시작됩니다.

- 운동 방법 1(미간~눈꼬리까지 집게 비비高 운동 양손 집게로 양쪽 눈썹을 동시에)

  왼손 엄지손가락과 검지손가락, 가운뎃손가락 집게는 왼쪽 눈썹(미간⇔눈꼬리), 오른손 엄지손가락과 검지손가락, 가운뎃손가락 집게는 오른쪽 눈썹(미간⇔눈꼬리)을 각각 엄지로 피부 속을 강하게 비비며 꼼꼼하게 왕복으로 연속해서 80차례 집게 비비高 운동한다.

  (차례 양쪽 손가락 집게로 양쪽 눈썹을 각각 한 번 집게 비비高 운동히면 1차례)양쪽 눈썹(미간⇔눈꼬리) 왕복을 반복하면서 각각 총 80차례 적용.

> 집게 비비高 운동 피부 속 눈썹 털집(털뿌리, 멜라닌 세포)마다
> 미치는 영향력 (자동 심장 충격기 정도)

- 운동 방법 2(미간 옆 두꺼운 눈썹 부분, 추가 집게 비비高 운동)

  왼손 엄지손가락, 검지손가락, 가운뎃손가락 집게는 왼쪽 미간 옆 눈썹 부분, 오른손 엄지손가락과 검지손가락, 가운뎃손가락

집게는 오른쪽 미간 옆 눈썹 부분을 각각 집게로 집고 엄지로
피부 속을 강하게 누르며 문지르는 집게 비비高 운동을 30차
례 반복한다(상처가 나지 않는 선에서 강하게 집게 비비高 운동하
십시오).
(차례 양쪽 미간 눈썹 부분을 각각 한 번 집게 비비高 운동하면 1
차례, 각 30차례씩)

✄ point 미간 옆 눈썹 부분, 눈꼬리 눈썹 부분 추가 집게 비비高 운동!

미간 옆 눈썹 부분은 두껍고 단단하여 반드시 추가로 집게 비비
高 운동이 필요합니다. 또한 미간 옆 눈썹 부분과 눈꼬리 눈썹 부분
은 탈모, 흰 눈썹이 가장 먼저 시작되는 부분입니다. 엄지와 검지,
가운뎃손가락으로 미간 옆 두꺼운 눈썹 부분을 집게로 집고 엄지로
두꺼운 눈썹 피부 속을 강하게 누르며 문지르는 집게 운동을 연속
으로 30차례 하십시오(양쪽 눈꼬리 눈썹 부분도 30차례씩 추가로 운동
합니다).

- 운동 방법 3(눈꼬리 눈썹 부분, 추가 집게 비비高 운동)
  왼손 엄지손가락, 검지손가락, 가운뎃손가락 집게는 왼쪽 눈꼬
  리 눈썹 부분, 오른손 엄지손가락과 검지손가락, 가운뎃손가락
  집게는 오른쪽 눈꼬리 눈썹 부분을 각각 집게로 집는 동시에
  엄지로 피부 속을 강하게 누르며 문지르는 동작을 연속해서
  30차례 운동한다.

(차례 양쪽 눈꼬리 눈썹 부분을 각각 한 번 집게 비비高 운동하면 1
차례, 각 30차례씩)

- 운동 요령

  집게 비비高 운동은 눈썹 피부 겉이 아니라 엄지로 피부 속 털
  집(털뿌리)을 자극하는 방법으로 상처가 나지 않는 선에서 강하
  게 해야 합니다. 피부 속 털집(털뿌리)을 강하게 자극하지 못하
  는 집게 비비高 운동은 효과가 미미합니다(털집마다 으스러질 정
  도로 자극을 받도록 강하게…).

  눈썹 및 손가락에 ①땀 등 물기가 있는 경우. ②화장품 등이
  묻어 있는 경우에 미끄러워 집게 비비高 영향력이 감소합니다.
  땀, 물기, 화장품 등을 닦은 다음 운동하십시오.

- 2단계 운동 방법

  눈썹(짙게 빛나는 강성한 눈썹 손가락 비비高 운동)

  영향력 효과

  　　○ 탈모 원천 예방.

  　　○ 흰 눈썹 원천 예방.

  　　○ 소복한 숯덩이 눈썹으로 개선.

  　　○ 강성한 눈썹으로 개선 등.

- 운동 자세(거울 앞)

- 운동 준비(집게 비비高 운동 다음 눈썹이 건조하기 전에 곧바로) 눈썹을 축인 다음 집게 비비高 운동 직후 눈썹이 건조하기 전에 눈썹에 물기를 묻히고 손가락에 물과 비누 or 피부 크림을 묻힌 다음 곧바로 손가락 비비高 운동하십시오.

  집게 비비高 운동 후 시간이 지나 눈썹이 많이 건조한 상태라면 반드시 물기를 눈썹에 축인 다음 손가락 비비高 운동하십시오. 본인의 사정에 따라 1단계(집게 비비高 운동) 2단계(손가락 비비高 운동) 순서를 바꿔서 운동해도 됩니다.

- 운동 방법(눈썹 손가락 비비高 운동) 손가락으로 눈썹을 감싸듯이(약간 강하게)

  왼손의 검지손가락과 가운뎃손가락은 왼쪽 눈썹 부분, 오른손의 검지손가락과 가운뎃손가락은 오른쪽 눈썹 부분, 눈썹마다 활력이 미치도록 꼼꼼하게 양쪽 눈썹(미간⇔눈꼬리)을 동시에 연속으로 30차례씩 좌우(옆에서⇔옆으로)로 약간 강하게 문지른다. (차례 양쪽 눈썹, 미간⇔눈꼬리를 왕복으로 한 번 문지르면 1차례, 30차례씩)

- 운동 마무리

  손가락 비비高 운동 후 눈썹에 묻은 피부 크림이나 비누 등을 씻거나 닦은 다음 비비高 운동을 마무리하세요.

손가락 비비高 운동이 눈썹 털뿌리(털싹)마다 미치는 영향력

(벗어지거나 허옇게 세지 않는 액모가 3시간 동안 비비며

활력을 충전하는 정도)

- 운동 주의

  처음 1주일은 피부 적응을 위해 연습 겸 살살 문지르고 피부가
  적응하는 2주부터 눈썹마다 활력을 충전하도록 약간 강하게
  문지른다(눈썹 보호를 위해 너무 강하게 문지르지 않는다).

- 운동 참고

  눈썹 운동 과정에서 휴지기 눈썹(메마른 털뿌리가 붙어 있는 눈썹)
  이 빠지는 경우는 있어도 건강한 눈썹이 빠지는 경우는 없다
  (처음 1주일은 몇 가닥 빠지는 휴지기 눈썹이 발견됩니다).

눈썹 아침 운동 마무리!

✧ 눈썹 사랑 나이가 들면서 눈썹 주위에서 발생하는 흰 눈썹?

매일 눈썹 운동하면 탈모 및 흰 눈썹은 발생하지 않습니다. 그러나
눈썹 운동 과정에서 활력이 미치지 못하는 눈썹 가장자리 바깥으로
나이가 들면서 흰 눈썹이 발생할 수 있습니다. 특징적인 곳이 미간에
발생하는 흰 눈썹입니다. 눈썹 운동 과정에서 활력이 미치지 못하기
때문입니다. 당신이 나이가 들면서 미간 등 눈썹 가장자리 바깥으로
흰 눈썹이 보이면 당신의 철학에 따라 고정 비비高 운동(수면 운동)으

로 원상회복 또는, 뽑기 등으로 관리하시기를 바랍니다.

■ 눈썹 저녁 운동 방법

- 1단계(소복한 숯덩이 눈썹의 매력 눈썹 집게 비비高 운동)

- 운동 준비(집게 비비高 운동 전, 물기로 눈썹 축이기) 아침 운동
 참고하십시오

 저녁 운동 때는 눈썹 피부가 다소 이완되더라도 소중한 눈썹

 보호를 위해 반드시 아침 운동 설명에 따라 물기로 양쪽 눈썹

 을 축인 후 물기를 닦고 운동하십시오.

- 운동 방법 1(미간~눈꼬리까지 집게 비비高 운동)

 아침 운동 1단계(눈썹 집게 비비高 운동) 설명(방법, 요령 등)에 따

 라 저녁 운동(미간⇔눈꼬리)은 양쪽 120차례씩 운동하십시오.

- 운동 방법 2(미간 옆 두꺼운 눈썹 부분, 추가 집게 비비高 운동)

 아침 운동 1단계(미간 옆 두꺼운 눈썹 피부, 추가 집게 비비高 운동)

 설명(방법, 요령 등)에 따라 저녁 운동은 양쪽 60차례씩 운동하

 십시오.

- 운동 방법 3(눈꼬리 눈썹 부분, 추가 집게 비비高 운동)

 아침 운동 1단계(눈꼬리 눈썹 부분, 추가 집게 비비高 운동) 설명

 (방법, 요령 등)에 따라 저녁 운동은 양쪽 60차례씩 운동하십시오.

- 2단계(짙게 빛나는 강성한 눈썹 손가락 비비高 운동)

• 운동 준비(집게 비비高 운동 다음 눈썹이 건조하기 전에 곧바로)

  눈썹이 건조하면 소중한 눈썹 보호를 위해 반드시 아침 운동
  설명에 따라 물기로 눈썹을 축인 후 물기를 닦고 운동하십시오.

• 운동 방법(눈썹 손가락 비비高 운동) 손가락으로 눈썹을 감싸
  듯이(약간 강하게)

  아침 운동 2단계(눈썹 손가락 비비高 운동) 설명(방법 등)에 따라
  저녁 운동도 양쪽 똑같이 30차례씩 운동하십시오.

눈썹 저녁 운동 마무리!

■ **눈썹 수면 운동(눈썹 가장자리를 예쁘게, 멋있게 고정 비비高 운동)**
  영향력 효과
  ○ 미간 눈썹 피부, 가장자리 등 단단하고 두꺼운 피부 속 털집
    (털뿌리)마다 털싹이 우후죽순 돋아나는 효과.
  ○ 눈썹 가장자리를 예쁘게 살리는 효과. ③소복한 숯덩이 눈
    썹, 한평생 유지하는 효과. ④양쪽 눈썹 대칭 효과 등.

✧ **눈썹 사랑 고정 비비高 운동 눈썹 상태에 따라 한시적 적용!**
  ○ 눈썹 수면 운동은 본인의 눈썹 상태에 따라 한시적으로 적
    용하십시오. 양쪽 똑같이 소복한 숯덩이 눈썹을 유지하고
    계시는 분은 수면 운동은 생략하고 아침, 저녁 운동으로 충

분합니다.

ㅇ ①눈썹 숱이 적은 분 ②미간~눈꼬리 눈썹 가장자리가 선명하지 않은 분 ③소복한 숯덩이 눈썹을 원하는 분 ④양쪽 눈썹 대칭 고민이 있는 분은 수면 운동으로 멋있게 관리하십오.

ㅇ 수면 운동은 눈꼬리에서 미간까지 소복한 숯덩이 눈썹으로 개선은 물론 눈썹 가장자리가 멋있게 개선될 때까지만 적용하시고 이후에는 중단한 채 아침, 저녁 운동만 하십시오. 중단 후 나이가 들면서 필요할 때마다 한시적으로 적용하며 멋있는 소복한 숯덩이 눈썹을 평생 유지하십시오.

• 운동 자세(거울 앞)

• 운동 방법 1(눈꼬리 눈썹 부분~미간 눈썹 부분까지, 양손 사용)

눈꼬리 눈썹 부분부터 미간 눈썹 부분까지 3부분으로 나눕니다. 양손 검지손가락과 가운뎃손가락에 매표 해면기로 물기를 약간 묻힙니다. ①양손 검지손가락, 가운뎃손가락으로 각각 미간 오른쪽, 왼쪽 눈썹 부분을 세로로 누른 상태서 움직이지 않도록 힘을 주고 위로⇔아래로 왕복하며 80차례 강하게 연속으로 문지른다. ②양손 검지손가락, 가운뎃손가락으로 각각 눈꼬리 오른쪽, 왼쪽 눈썹 부분을 세로로 누른 상태서 움직이지 않도록 힘을 주고 위로⇔아래로 왕복하며 80차례 강하게 연속으로 문지른다. ③양손 검지손가락, 가운뎃손가락으로 각각 눈썹 중앙(미간~눈꼬리 중앙) 부분을 세로로 누른 상태서 움직이지

않도록 힘을 주고 위로⇔아래로 왕복하며 80차례 강하게 연속
으로 문지른다.

(차례 부분마다 위로⇔아래로 누르고 비비며 왕복하면 1차례, 80차
례씩 반복)

• 운동 요령

　○ 미간 옆 단단하고 두꺼운 눈썹 부분은 강하게 운동하세요.

　○ 이마와 미간에 잡히는 주름이 신경 쓰이면 반창고를 붙이고
　　운동하세요.

　○ 피부 적응을 위해 처음 1주일은 약하게 운동하시고 피부가
　　적응하는 2주부터는 강하게 운동하세요.

　○ 손가락으로 부분마다 눈썹 부분에 고정하고 움직이지 않아
　　야 합니다. 눈썹 피부는 많이 움직일수록 좋습니다.

피부 속 눈썹 털집(털뿌리)에 미치는 영향력 (자동 심장 충격기 정도)

• 운동 방법 2(이마 쪽 눈꼬리 눈썹~미간 눈썹 가장자리)

(양손) 이마 쪽으로(눈썹 가장자리) 눈꼬리 눈썹 부분부터 미간
눈썹 부분까지 3부분으로 나눕니다. 양손 가운뎃손가락에 매
표 해면기로 물기를 약간 묻힙니다. 오른손은 오른쪽 눈썹 가
장자리를 왼손은 왼쪽 눈썹 가장자리를 각각 가로로 부분마다
눈썹 가장자리에 맞추고 움직이지 않도록 힘을 주고 양손 약지
손가락으로 가운뎃손가락을 각각 누른 채 옆에서⇔옆으로 강

하게 누르고 비비는 동작을 연속으로 80차례씩 반복합니다.
(차례 부분마다 옆에서⇔옆으로 누르고 비비며 왕복하면 1차례, 80
차례씩 반복)

- 운동 요령
  - 이마 쪽 눈썹 가장자리 크기에 따라 3~5부분으로 촘촘하
    게 나누어 운동하세요.
  - 양쪽 눈썹 대칭 고민이 있는 분은 부족한 눈썹 쪽 부분을
    가운뎃손가락으로 누르고 다른 손으로 힘을 모아서 강하게
    운동하십시오(양쪽 눈썹 모양이 멋있게 대칭을 이룰 때까지 양
    손 힘을 모아 6개월 이상 운동하십시오).
  - 반드시 뼈를 바탕으로 운동합니다. 눈알을 건드리거나 누르
    지 마십시오.

- 운동 방법 3(눈꼬리 눈썹~미간 눈썹 중앙 부분) (양손 사용)
  눈꼬리 눈썹 부분부터 미간 눈썹 부분까지(중앙 부분) 3부분으
  로 나눕니다. 양손 가운뎃손가락에 매표 해면기로 물기를 약간
  묻힙니다. 양손 가운뎃손가락으로 각각 중앙 부분마다 누른 상
  태서 움직이지 않도록 힘을 주고 양손 약지손가락으로 가운뎃
  손가락을 각각 누른 채, 옆에서⇔옆으로 강하게 누르고 비비는
  동작을 연속으로 80차례씩 반복합니다(부분마다 80차례씩 각각
  3부분, 240차례씩).

  (차례 부분마다 옆에서⇔옆으로 누르고 비비며 왕복하면 1차례, 80

차례씩 반복)

- 운동 요령
  ○ 눈썹 크기에 따라 3~5부분으로 촘촘하게 나누어 운동하세요.
  ○ 가운뎃손가락으로 중앙 부분마다 눈썹에 고정하고 움직이
    지 않아야 합니다. 눈썹 피부는 많이 움직일수록 좋습니다.

– 눈썹 수면 운동 마무리!

- 눈썹 관찰
  ○ 눈썹 운동 전에 양쪽 눈썹 상태를 촬영하십시오.
  ○ 달마다 비교하면서 자세히 관찰하면 눈썹이 숯덩이처럼 소
    복하게 개선되는 모습을 볼 수 있습니다(눈썹이 멋있게 개선
    되고 유지되는지 관찰을 습관화하십시오).

눈썹 운동 언제까지? 세상을 떠나는 날까지(수면 운동은 필요할 때
마다 적용).

눈썹 운동 방법에 제대로 숙달이 되려면 한 달 정도 실습이 필요
합니다.

흰 눈썹 운동

흰 눈썹을 숯덩이 눈썹으로 회복

눈썹 탈모·눈썹 가장자리 원상회복

■ 흰 눈썹 아침 운동

기상 후 경직된 눈썹 피부 이완 및 눈썹 털집(털뿌리, 멜라닌 세포)마다 소모된 활력을 보충하여 일상으로 활동하는 시간에 발생하는 눈썹 탈모 및 흰 눈썹 전조 예방 운동.

■ 흰 눈썹 저녁·수면 운동

취침 중 털뿌리 활력 저하, 멜라닌 세포 기능 저하로 발생하는 탈모 및 흰 눈썹을 원천 예방하고 이미 발생한 탈모 증상은 100% 개선, 흰 눈썹은 검은 그대로 원상회복하는 운동. (인류 남녀 공통)

☆ 흰 눈썹 운동으로 흰 눈썹 및 탈모 예방률과 개선율(눈썹 전체 평균)

  ○ 탈모 증상 예방 100%

○ 흰 눈썹 증상 예방 100%

○ 흰 눈썹 회복 98%~

○ 탈모(눈썹 숱) 개선 100%(살아 있는 털뿌리는 모두 재생한다는 의
미)아침, 저녁, 수면 운동 과정을 매일 제대로 적용한 경우

<table>
<tr><td align="center">눈썹 탈모 증상에서 벗어나는 시점 – 자가 체크 방법!
(필수 운동 기간인 12개월이 지난 다음 평가하십시오)</td></tr>
<tr><td>

■ 흰 눈썹 운동을 시작한 날(　　　년　　　월　　　일)

　■ 12개월 되는 날(　　　년　　　월　　　일)

(탈모 증상에서 벗어나는 날부터 당신의 눈썹 역사는 다시 시작됩니다!)

• 눈썹(미간부터 눈꼬리까지) 탈모 증상이 없던 시절처럼
소복하게 숯덩이 눈썹으로 개선됨(　).
(탈모 증상에서 벗어남. 충족 대체로 1년 정도 소요됨)

위 사항에 부합하는 경우 탈모 증상에서 벗어난 분으로
흰 눈썹이 남아 있다면 회복할 때까지 흰 눈썹 운동을 계속할 수도 있고
남아 있는 흰 눈썹과 관계없이 흰 눈썹 운동을 종료하고
눈썹 운동(예방)으로 바꿔서 매일 운동할 수도 있습니다.

</td></tr>
</table>

(벗어진 눈썹 원상회복, 흰 눈썹은 숯덩이 눈썹으로!)

■ 흰 눈썹 운동

흰 눈썹은 자연의 영향력을 차단한 생활 환경 문제와 취침 중 경

직되는 피부 문제가 맞물리며 나타나는 증상으로 눈썹 환경을 개선 (①털뿌리 활력 회복 ②멜라닌 세포 기능 회복)하면 흰 눈썹이 검은 눈 썹으로 원상회복은 물론 더 이상 벗어지거나 허옇게 세지 않는다. 새끼손가락 크기 정도의 눈썹이 벗어지거나 허옇게 세면 금방 눈에 띈다. 첫인상에서 눈썹의 이미지가 강하기 때문이다.

흰 눈썹 운동으로 흰 눈썹이 발생했거나 눈썹이 많이 벗어진 분도 검은 눈썹으로 회복되고 살아 있는 털뿌리 재생으로 피부 속 털집마 다 털싹이 우후죽순 돋아나면서 이전 모습처럼 눈에 띄게 개선된다.

■ 흰 눈썹 운동(아침·저녁·수면 운동)

- 피부 속 털집(털뿌리)마다 미치는 영향력

    상상 초월! 흰 눈썹 운동 후 눈썹의 변화

항 목	변화·개선	느끼는 시기
증상 멈춤.	①벗어지는 눈썹 멈춤. ②더 이상 허옇게 세는 눈썹 없음.	이튿날부터
살아 있는 털뿌리 재생.	눈썹이 벗어진 피부 속 털집마다 살아 있는 털싹이 돋아나 짙은 눈썹으로 개선(살아 있 는 털뿌리가 있는 경우에 해당).	2개월부터
흰 눈썹 회복 시작.	멜라닌 세포의 상태, 흰 눈썹 털집 위치, 깊 이 및 털집에 미치는 강도 등에 따라 100% 회복이 어려울 수 있으며, 회복되는(속도·비 율·완성 시기) 정도가 각자 다릅니다.	이튿날부터
흰 눈썹 아침·저녁·수면 운동 과정 및 규정을 매일 적용한 경우 기준.		

✎ 기상천외 흰 눈썹 운동 혁명 필수 코스

- 아침 운동(주요 과정)
    - 1단계 눈썹 집게 비비高 운동
    - 2단계 눈썹 손가락 비비高 운동
    - 3단계 눈썹 고정 비비高 운동
- 저녁 운동(주요 과정)
    - 1단계 눈썹 집게 비비高 운동
    - 2단계 눈썹 손가락 비비高 운동
    - 3단계 눈썹 고정 비비高 운동
- 수면 운동(주요 과정)
    - 1단계 눈썹 집게 비비高 운동
    - 2단계 눈썹 고정 비비高 운동

■ 흰 눈썹 운동(적합한 대상자 & 적절한 타이밍)

- 눈썹이 벗어지는 등 눈썹 탈모 증상이 발생한 분.
- 흰 눈썹이 발생한 분.
- 솜털처럼 눈썹 형태만 있고 더 이상 자라지 않는 눈썹인 분.
- 심한 탈모 증상으로 눈썹은 보이지 않지만, 예전에는 눈썹이 있었던 분.
- 아침 운동 낮이든 밤이든 잠자리에서 일어나는 기상 후.
- 저녁 운동 정오~저녁 시간대.
- 수면 운동 취침 직전(침대 머리).

■ 흰 눈썹 운동 주의할 분

- 눈썹 이식한 분
- 눈썹 문신한 분(전문의 상담 후 결정).

✄ 눈썹 사랑 눈썹아 눈썹아, 활력 줄게 희지 마 빠지지 마

사람의 눈썹은 일상에서 세수할 때 손바닥과 문대면서 자극을 받고 얼굴을 닦을 때 수건과 문대며 자극을 받는다. 미약한 활력이지만 벗어진 털뿌리가 죽지 않고 버티는 힘이 된다. 화장할 때, 눈을 깜박거릴 때도 미약하지만 자극을 받아 눈썹 모습을 유지하는 데 도움이 된다. 그러나 원시생활 거친 자연환경의 영향으로 길이가 길고 강성했던 조상님 눈썹에 비하면 1/3 수준이다. 흰 눈썹 운동은 원시생활 거친 자연환경의 영향력처럼 설계되어 이전 숯덩이 눈썹 그대로 원상회복이 가능하다.

✄ 흰 눈썹 운동 시간대·소요 시간·준비물

- ○ 아침 운동 – 기상 후 소요 시간 약 8분~
- ○ 저녁 운동 – 정오부터 저녁 시간대 소요 시간 약 10분~
- ○ 수면 운동 – 취침 직전 소요 시간 약 8분~
- ○ 준비물 거울, 피부 크림 or 비누, 물수건 or 매표 해면기 등

✄ 눈썹 사랑 운동 시간은 자유롭게!

기상 후 아침 운동 시간이 부족한 분은 세수하면서 눈썹 손가락 비비高 운동하고 집게 비비高 운동과 고정 비비高 운동은 출근(등굣

길)길 차에서, 직장(학교)에서 휴식 시간에 틈틈이 운동하세요. 저녁 운동 경우도 정오부터 저녁 시간대에 자유롭게 운동하세요. 아침 운동 후 3시간 이상 지난 다음에 저녁 운동하는 것이 좋습니다. 수면 운동은 되도록 수면 직전에 운동하고 취침하세요. 수면 중 눈썹이 달라집니다.

- 초심 '흰 눈썹 운동' 시작 전에 운동 과정을 이해하십시오.
  흰 눈썹 운동 설명 과정을 처음부터 끝까지 자세히 읽어 보시고 단계별 운동 방법, 주의, 요령 등을 숙지한 다음 운동을 시작하시고 세상을 떠나는 날까지 매일 소중한 '흰 눈썹 운동' 초심을 잃지 마십시오.

- 주의 겨울 등 추운 날씨 경우에는 피부 보호를 위해 실내에서 운동하십시오.

✄ 눈썹 사랑 눈썹 가장자리 흰 눈썹 관리 요령

흰 눈썹 운동으로 눈썹 가장자리 바깥 부분에 있는 흰 눈썹은 회복되지 않습니다.

흰 눈썹 운동 과정에서 활력이 미치지 못하기 때문입니다. 특징적인 곳이 미간에 발생하는 흰 눈썹입니다. 미간 등 눈썹 가장자리 바깥 부분에 흰 눈썹이 보이는 경우 당신의 철학에 따라 고정 비비高 운동으로 회복하던가 면도, 뽑기 등으로 관리하십시오.

- 인류 남녀마다 눈썹의 크기, 모양새가 다양하고 눈썹 수효도
  다소 차이가 나지만 눈썹 운동(과정과 규정)은 똑같이(예방 운
  동, 개선 운동) 적용합니다.

■ 흰 눈썹 아침 운동 방법

- 1단계 운동(소복한 숯덩이 눈썹으로 회복 눈썹 집게 비비高 운동)

- 영향력 효과
    ○ 눈썹 털뿌리마다 활력 충전.
    ○ 눈썹이 벗어진 피부 속 털집마다 털싹이 돋아나도록 활력
      충전(단 털뿌리가 살아 있는 경우).
    ○ 흰 눈썹 원상회복, 탈모 증상 100% 개선.
    ○ 소복한 숯덩이 눈썹으로 개선 및 한평생 그대로 유지.

- 운동 자세 거울 앞(숙달하면 거울 없이도 운동이 가능합니다)

- 운동 준비(집게 비비高 운동 시작 전, 눈썹 미온수 축이기)
  참고 1) 아침 운동할 때 눈썹 피부는 단단하게 경직되어 있습
        니다. 무시하고 운동하면 피부도 아프고 피부 속 털집(털뿌
        리)마다 미치는 활력도 미약합니다.
  참고 2) 머리털과 달리 눈썹은 길게 자라지 않고 짧으면서 뻣
        뻣한 특징이 있습니다. 눈썹이 메마른 상태서 눈썹을 짓누
        르는 집게 운동하면 눈썹이 끊어질 수 있습니다. 반드시 눈
        썹 집게 비비高 운동 전에 물수건, 매표 해면기 등으로 양

쪽 눈썹을 축이고 물기를 닦은 다음 집게 비비高 운동하십
시오. 눈썹을 축이면 까슬까슬한 눈썹이 부드러워 눈썹 집
게 비비高 운동 과정에서 끊어지는 현상이 발생하지 않습니다.

추운 나라, 더운 나라, 사계절과 관계없이 인류 공통입니다.

✧ point 미간~눈꼬리까지 집게 비비高 운동 (반드시 숙지)

동작: 눈썹 위쪽에는 검지와 가운뎃손가락으로 아래쪽에는 엄지
로 집게 비비高 운동합니다. 집게로 눈썹 피부를 집은 상태서 엄지
로 누르며 피부 속을 털집이 으스러지도록 강하게 문지르는 방법(1
차례 동작)을 연속으로 미간⇔눈꼬리를 왕복하면서 아침 운동 160
차례, 저녁 운동 220차례, 수면 운동 120차례 적용합니다. 피부 겉
이 아니라 피부 속, 눈썹이 벗어진 털집(털뿌리, 멜라닌 세포)에 강한
활력을 충전하는 방법입니다. 처음 1주일은 피부 적응을 위해 약하
게 운동하시고 피부가 적응하는 2주부터는 강하게 운동하시기를 바
랍니다(아침, 저녁, 수면 운동 동일). 당신 눈썹의 놀라운 변화는 2개
월부터 시작됩니다.

• 운동 방법 1(미간~눈꼬리까지 집게 비비高 운동 양손 집게로 양쪽
  눈썹을 동시에)
  왼손 엄지손가락과 검지손가락, 가운뎃손가락 집게는 왼쪽 눈
  썹(미간⇔눈꼬리), 오른손 엄지손가락과 검지손가락, 가운뎃손
  가락 집게는 오른쪽 눈썹(미간⇔눈꼬리)을 왕복하며 각각 엄지

로 피부 속을 강하게 비비며 꼼꼼하게 연속해서 160차례 집게 비비高 운동합니다(한번에 160차례를 하면 힘도 들고 자극도 약합니다. 80차례씩 두 번 나누어 적용하십시오).

피부 속 털집(털뿌리)마다 활력이 미치도록 강하게 집게 비비高 운동하십시오.

(차례 손가락 집게로 양쪽 눈썹을 각각 한 번 집게 비비高 운동하면 1차례)

양쪽 눈썹(미간⇔눈꼬리) 왕복을 반복하면서 각각 총 160차례 적용.

집게 비비高 눈썹이 벗어진 털집(털뿌리, 멜라닌 세포)마다 미치는 영향력.
(자동 심장 충격기 정도)

- 운동 요령

  눈썹이 많이 벗어진 경우 일부 눈썹이 남아 있는 부분만 집게 비비高 운동하지 마시고 남아 있는 눈썹은 아예 없지만 이전에 눈썹이 있던 부분(미간~눈꼬리)까지 꼼꼼하게 집게 비비高 운동하십시오.

✍ point **미간 옆 눈썹, 눈꼬리 눈썹 부분, 추가 집게 비비高 운동!**

미간 옆 눈썹 부분은 두껍고 단단하여 반드시 추가로 집게 비비高 운동이 필요합니다. 또한 미간 옆 눈썹 부분과 눈꼬리 눈썹 부분은 탈모, 흰 눈썹 증상이 가장 먼저 시작되고 심하게 진행되는 부분입니다. 미간 옆 눈썹 부분을 추가로 집게 비비高 운동하지 않으면 미간 옆 눈썹 부분의 살아 있는 피부 속 털뿌리가 1년이 지나서 털싹이 돋아나기도 합니다. 엄지와 검지, 가운뎃손가락으로 미간 옆 두꺼운 눈썹 부분을 집게로 집는 동시에 엄지로 털집이 으스러지도록 강하게 피부 속을 누르며 문지르는 방법으로 연속(아침 운동 50차례, 저녁 운동 100차례, 수면 운동 80차례)해서 집게 비비高 운동하십시오.

- 운동 방법 2(미간 옆 두꺼운 눈썹 부분, 추가 집게 비비高 운동)

  왼손 엄지손가락 검지손가락, 가운뎃손가락 집게는 왼쪽 미간 옆 눈썹 부분, 오른손 엄지손가락과 검지손가락, 가운뎃손가락 집게는 오른쪽 미간 옆 눈썹 부분을 각각 집게로 집는 동시에 엄지로 피부 속을 강하게 누르며 문지르는 방법으로 연속해서 50차례 반복한다(상처가 나지 않는 선에서 강하게 집게 비비高 운동하십시오).

  (차례 양쪽 눈썹 부분을 각각 한 번 집게 비비高 운동하면 1차례, 총 50차례씩 적용)

- 운동 요령

  ○ 미간 옆 눈썹 부분에 보이는 눈썹이 없어도 꼼꼼하게 운동 하시고 1개월마다 관찰하십시오.

  ○ 집게 비비高 운동은 눈썹 피부 겉이 아니라 엄지로 피부 속, 털집(털뿌리)을 자극하는 방법으로 상처가 나지 않는 선에서 강하게 해야 합니다. 피부 속 털집을 자극하지 못하는 운동

은 효과가 미미하여 탈모 개선과 흰 눈썹 회복이 아주 느리게 진행됩니다. 제대로 집게 비비高 운동하면 3개월부터 뚜렷한 개선을 느끼지만 제대로 집게 비비高 운동하지 못하면 1년 이상 짜증 나도록 개선이 느리게 진행됩니다(털집마다 으스러질 정도로 자극을 받도록 강하게).

- 운동 방법 3(눈꼬리 눈썹 부분, 추가 집게 비비高 운동)

  왼손 엄지손가락, 검지손가락, 가운뎃손가락 집게는 왼쪽 눈꼬리 눈썹 부분, 오른손 엄지손가락과 검지손가락, 가운뎃손가락 집게는 오른쪽 눈꼬리 눈썹 부분을 각각 집게로 집는 동시에 엄지로 피부 속을 강하게 누르며 문지르는 방법으로 연속해서 50차례 반복한다.

  (차례 양쪽 눈꼬리 눈썹 부분을 각각 한 번 집게 비비高 운동하면 1차례, 각 50차례씩)

- 운동 요령

  ①눈썹 및 손가락에 땀 등 물기가 있는 경우.

  ②화장품 등이 묻어 있는 경우에 미끄러워 집게 비비高 운동 영향력이 감소합니다(땀이나 물기, 화장품 등을 닦은 다음 운동하십시오).

- 2단계 운동(짙게 빛나는 강성한 눈썹으로 재탄생 손가락 비비高 운동)

  - 영향력 효과

    ○ 탈모 개선 및 원천 예방.

○ 흰 눈썹 회복 및 원천 예방.

○ 눈썹 숱 개선.

○ 소복한 숯덩이 눈썹으로 개선.

○ 강성한 눈썹으로 개선 등.

• 운동 자세(거울 앞)

• 운동 준비(집게 비비高 운동 다음 눈썹이 건조하기 전에 곧바로)

눈썹을 축인 다음 집게 비비高 운동 직후 눈썹이 건조하기 전에 손가락에 물과 비누 or 피부 크림을 묻힌 다음 곧바로 손가락 비비高 운동하십시오.

집게 비비高 운동 후 시간이 지나 눈썹이 많이 건조한 상태라면 반드시 물기를 눈썹에 축인 다음 손가락 비비高 운동하십시오.

본인의 사정에 따라 1단계(집게 비비高 운동) 2단계(손가락 비비高 운동) 순서를 바꿔서 운동해도 됩니다.

• 운동 방법(눈썹 손가락 비비高 운동) 손가락으로 눈썹을 감싸듯이(양손)

왼손의 검지손가락과 가운뎃손가락은 왼쪽 눈썹을 오른손의 검지손가락과 가운뎃손가락은 오른쪽 눈썹을 눈썹마다 활력이 미치도록 꼼꼼하게 양쪽 눈썹(미간⇔눈꼬리)을 동시에 왕복하며 40차례씩(옆에서⇔옆으로) 약간 강하게 문지른다.

(차례 양쪽 눈썹 미간⇔눈꼬리를 왕복으로 한 번 문지르면 1차례,

40차례씩)

눈썹 손가락 비비高 운동이 눈썹 털뿌리(털싹)마다 미치는 영향력
(벗어지거나 허옇게 세지 않는 액모가 4시간 동안 비비며
활력 충전하는 정도)

- 운동 요령
  - 한 손가락만 사용해서 비비高 운동해도 됩니다.
  - 비비高 운동 후 눈썹에 묻은 피부 크림이나 비누 등을 씻거나 닦은 다음 마무리하세요.
  - 심한 탈모로 눈썹이 없어도 미간⇔눈꼬리를 약간 강하게 문지르세요.

- 운동 주의

  처음 1주일은 눈썹 적응을 위해 연습 겸 살살 문지르고 눈썹이 적응하는 2주부터 눈썹마다 활력을 충전하도록 약간 강하게 문지른다(피부에 상처가 생기거나 건강한 눈썹이 벗어지지 않도록 너무 강하게 문지르지 않는다).

- 운동 참고

  손가락 비비高 운동 과정에서 메마른 털뿌리가 붙어 있는 휴지기 눈썹이 빠지는 경우는 있어도 건강한 눈썹이 빠지는 경우는 없다(처음 1주일은 몇 가닥 휴지기 눈썹이 빠집니다).

✧ **눈썹 사랑 눈썹이 건조한 상태서 얼굴을 문지르는 습관은 금물!**

①잠자리에서 기상 후 얼굴 피부를 마사지하듯 손바닥으로 문지르는 습관.

②일상에서 얼굴을 손바닥으로 문지르는 습관.

수염이나 머리털과 달리 건조한 눈썹을 손바닥으로 문지르면 끊어지는 눈썹이 발생합니다. 수염이나 머리털처럼 길게 자라지 않고 짧아 짙게 빛나는 장점이 있는 반면에 뻣뻣하여 충격(손가락과 털끝이 부딪치면)에 쉽게 끊어지는 특징이 있기 때문입니다. 눈썹 아래까지 그리고 이마 부분만 문지르며 마사지하십시오. 세수할 때, 세면 후 수건으로 닦을 때, 물기를 눈썹에 축인 후 비비高 운동할 때 등 눈썹에 물기가 있는 경우는 눈썹이 부드럽게 되면서 끊어지지 않습니다. 특히 기상 후 눈썹이 건조한 상태(바싹 마른 눈썹)에서 얼굴(눈썹)을 문지르는 습관은 절대 주의하세요.

- 3단계 운동(숯덩이 눈썹 그대로 눈썹 가장자리를 예쁘게, 멋있게 고정 비비高 운동)
• 영향력 효과
  ○ 멜라닌 세포 기능 회복. 검은 눈썹으로 원상회복.
  ○ 눈썹이 벗어진 피부 속 털집(털뿌리)마다 털싹이 우후죽순 돋아나는 효과.
  ○ 눈썹 가장자리를 예쁘게 살리는 효과.
  ○ 양쪽 눈썹이 멋있게 대칭을 이루는 효과 등.

- 운동 자세(거울 앞)

- 운동 방법 1(눈꼬리 눈썹 부분~미간 옆 피부가 두꺼운 눈썹 부분까지)
(양손 사용)

눈꼬리 눈썹 부분부터 미간 눈썹 부분까지 3부분으로 나눕니다(눈썹이 없으면 예전에 눈썹이 있던 부분까지). 양손 검지손가락과 가운뎃손가락에 매표 해면기로 물기를 약간 묻힙니다.

  ○ 양손 검지손가락, 가운뎃손가락으로 각각 미간 오른쪽, 왼쪽 눈썹 부분을 세로로 누른 상태서 움직이지 않도록 힘을 주고 위로⇔아래로 왕복하며 60차례 강하게 연속으로 문지른다.

  ○ 양손 검지손가락, 가운뎃손가락으로 각각 눈꼬리 오른쪽, 왼쪽 눈썹 부분을 세로로 누른 상태서 움직이지 않도록 힘을 주고 위로⇔아래로 왕복하며 60차례 강하게 연속으로 문지른다.

  ○ 양손 검지손가락, 가운뎃손가락으로 각각 눈썹 중앙(미간~눈꼬리 중앙) 부분을 세로로 누른 상태서 움직이지 않도록 힘을 주고 위로⇔아래로 왕복하며 60차례 강하게 연속으로 문지른다.

(차례 부분마다 위로⇔아래로 왕복하며 누르고 비비면 1차례, 60차례씩 반복)

- 운동 요령
  - ○ 미간 옆 단단하고 두꺼운 눈썹 부분 or 눈썹이 벗어진 부분은 강하게 운동하세요.
  - ○ 이마와 미간에 잡히는 주름이 신경 쓰이면 반창고를 붙이고 운동하세요.
  - ○ 피부 적응을 위해 처음 1주일은 약하게 하시고 피부가 적응하는 2주부터는 강하게 운동하세요.
  - ○ 손가락으로 부분마다 눈썹 피부에 고정하고 움직이지 않아야 합니다. 피부는 많이 움직일수록 좋습니다.

피부 속, 눈썹 털집(털뿌리)에 미치는 영향력 (자동 심장 충격기 정도)

- 운동 방법 2(이마 쪽 눈꼬리 눈썹~미간 눈썹 가장자리) (양손 사용)

  이마 쪽으로(눈썹 가장자리) 눈꼬리 눈썹 부분부터 미간 옆 눈썹 부분까지 4부분으로 나눕니다(눈썹이 없으면 예전에 눈썹이 있던 가장자리). 양손 가운뎃손가락에 매표 해면기로 물기를 약간 묻힙니다. 오른손은 오른쪽 눈썹 가장자리를 왼손은 왼쪽 눈썹 가장자리를 각각 가로로 부분마다 눈썹 가장자리에 맞추고 움직이지 않도록 힘을 주고 양손 약지손가락으로 가운뎃손가락을 각각 누른 채 옆에서⇔옆으로 강하게 누르고 문지르는 동작으로 60차례씩 운동합니다.

  (차례 부분마다 옆에서⇔옆으로 누르고 문지르며 왕복하면 1차례, 60차례씩 반복)

- 운동 요령
  - ○ 이마 쪽 눈썹 가장자리 크기에 따라 4~5부분으로 촘촘하게 나누어 운동하세요.
  - ○ 가장자리 흰 눈썹마다 활력이 미치도록 강하게 누르고 운동하십시오.
  - ○ 고정 비비高 활력이 미치지 못하는 흰 눈썹이 있을 수 있습니다. 특히 윗눈꺼풀 위쪽으로 흰 눈썹이 있는 경우 흰 눈썹마다 60차례씩 추가 고정 비비高 운동하십시오(아침 60차례씩, 저녁 80차례씩, 수면 100차례씩 운동). 반드시 뼈를 바탕으로 운동하십시오. 눈알은 건드리지 마십시오.
  - ○ 양쪽 눈썹 대칭 고민이 있는 분은 부족한 눈썹 부분을 가운뎃손가락으로 누르고 다른 손가락으로 힘을 모아서 강하게 운동하십시오(양쪽 눈썹 모양이 멋있게 대칭을 이룰 때까지 양손 힘을 모아 6개월 이상 운동하십시오).

☆ 눈썹 사랑 심하게 벗어진 눈썹은 양손 같이 힘을 모아 강하게

눈썹이 심하게 벗어진 부분은 다음 같이 운동하십시오.

①한 손 검지손가락과 가운뎃손가락 or 가운뎃손가락에 물기를 묻히고 눈썹이 벗어진 부분에 고정합니다.

②다른 한 손으로 고정된 손가락 위에 얹어 힘을 보탭니다.

③양손 같이 힘을 모아 심하게 벗어진 부분마다 아침, 저녁, 수면 운동 규정에 따라 위로⇔아래로 or 옆에서⇔옆으로 강하게 누르며 문지릅니다(원상회복할 때까지 매일 운동)

- 운동 방법 3(눈꼬리 눈썹~미간 눈썹 중앙 부분) (양손 사용)

  눈꼬리 눈썹 부분부터 미간 눈썹 부분까지(중앙 부분) 3부분으로 나눕니다. 양손 가운뎃손가락에 매표 해면기로 물기를 약간 묻힙니다. 양손 가운뎃손가락으로 각각 중앙 부분마다 누른 상태서 움직이지 않도록 힘을 주고 양손 약지손가락으로 가운뎃손가락을 각각 누른 채 옆에서⇔옆으로 강하게 누르고 비비는 동작을 연속으로 60차례씩 반복합니다(부분마다 60차례씩 양쪽 각각 3부분, 180차례씩).

  (차례 부분마다 옆에서⇔옆으로 누르고 비비며 왕복하면 1차례, 60차례씩 반복)

- 운동 요령

  ○ 눈썹 크기에 따라 3~5부분으로 촘촘하게 나누어 운동하세요.

  ○ 가운뎃손가락으로 중앙 부분마다 눈썹에 고정하고 움직이지 않아야 합니다. 눈썹 피부는 많이 움직일수록 좋습니다.

흰 눈썹 아침 운동 마무리!

■ 흰 눈썹 저녁 운동 방법

- 1단계(소복한 숯덩이 눈썹으로 회복 눈썹 집게 비비高 운동)

- 운동 준비(집게 비비高 운동 전, 물기로 눈썹 축이기) 아침 운동 참고하십시오.

  저녁 운동 때는 눈썹 피부가 다소 이완되더라도 소중한 눈썹 보호를 위해 반드시 아침 운동 설명에 따라 물기로 양쪽 눈썹을 축인 후 물기를 닦고 운동하십시오.

- 운동 방법 1(미간~눈꼬리까지 집게 비비高 운동)
  아침 운동 1단계(눈썹 집게 비비高 운동) 설명(방법, 요령 등)에 따라 저녁 운동(미간⇔눈꼬리)은 양쪽 220차례씩 운동하십시오 (한번에 220차례를 하면 힘도 들고 자극도 약합니다. 110차례씩 2번 나누어 꼼꼼하게 털집이 으스러지도록 강하게 적용하십시오)

- 운동 방법 2(미간 옆 두꺼운 눈썹 부분, 추가 집게 비비高 운동)
  아침 운동 1단계(미간 옆 두꺼운 눈썹 부분 추가 집게 비비高 운동) 설명(방법, 요령 등)에 따라 저녁 운동은 양쪽 100차례씩 털집이 으스러지도록 강하게 운동하십시오.

- 운동 방법 3(눈꼬리 눈썹 부분, 추가 집게 비비高 운동)
  아침 운동 1단계(눈꼬리 눈썹 부분 추가 집게 비비高 운동) 설명(방법, 요령 등)에 따라 저녁 운동은 양쪽 100차례씩 강하게 운동하십시오.

– 2단계(짙게 빛나는 강성한 눈썹으로 재탄생 손가락 비비高 운동)
- 운동 준비(집게 비비高 운동 다음 눈썹이 건조하기 전에 곧바로)
  눈썹이 건조하면 소중한 눈썹 보호를 위해 반드시 아침 운동 설명에 따라 물기로 눈썹을 축인 후 운동하십시오.

- 운동 방법(눈썹 손가락 비비高 운동) 손가락으로 눈썹을 감싸듯이(양손)

  아침 운동 2단계(눈썹 손가락 비비高 운동) 설명(방법, 요령 등)에 따라 저녁 운동도 양쪽 똑같이 40차례씩 운동하십시오(주의 40차례를 초과하면 끊어지는 눈썹이 발생할 수 있습니다)

- 3단계(숯덩이 눈썹 그대로 눈썹 가장자리를 예쁘게, 멋있게 고정 비비高 운동)

- 운동 방법 1(눈꼬리 눈썹 부분~미간 옆 피부가 두꺼운 눈썹 부분까지) (양손 사용)

  아침 운동 3단계(눈썹 고정 비비高 운동) 설명(방법, 요령 등)에 따라 저녁 운동은 양쪽 눈썹 부분마다(위로⇔아래로) 80차례씩 강하게 운동하십시오.

- 운동 방법 2(이마 쪽 눈꼬리 눈썹~미간 눈썹 가장자리) (양손 사용)
  아침 운동 3단계(눈썹 고정 비비高 운동) 설명(방법, 요령 등)에 따라 저녁 운동은 양쪽 눈썹 부분마다(옆에서⇔옆으로) 80차례씩 강하게 운동하십시오.

- 운동 방법 3(눈꼬리 눈썹~미간 눈썹 중앙 부분) (양손 사용)
  아침 운동 3단계(눈썹 고정 비비高 운동) 설명(방법, 요령 등)에 따라 저녁 운동은 양쪽 눈썹 부분마다(옆에서⇔옆으로) 80차례씩 강하게 운동하십시오.

흰 눈썹 저녁 운동 마무리!

■ **흰 눈썹 수면 운동**

– 1단계(소복한 숯덩이 눈썹으로 회복 눈썹 집게 비비高 운동)

　수면 운동의 영향력 효과

　　○ 빠른 탈모 개선의 효과.

　　○ 빠른 흰 눈썹 회복 효과.

　　○ 강성하고 짙은 눈썹으로 효과.

　　○ 자라는 속도가 눈에 띄는 효과 등.

• 운동 주목

　흰 눈썹 저녁 운동 후 곧바로 잠자리에 드는 경우도 반드시 수면 운동을 추가로 적용하고 취침하십시오.

• 운동 준비, 시간

　○ 침대 머리(낮이든 밤이든 취침 직전)

　매표 해면기 등으로 물기를 눈썹에 축이고 눈썹 물기를 닦은 다음.

• 운동 방법 1(미간~눈꼬리까지 집게 비비高 운동)

　아침 운동 1단계(눈썹 집게 비비高 운동) 설명(방법, 요령 등)에 따라 수면 운동(미간⇔눈꼬리)은 양쪽 120차례씩 털집이 으스러지도록 강하게 운동하십시오.

- 운동 방법 2(미간 옆 두꺼운 눈썹 부분, 추가 집게 비비高 운동)

  아침 운동 1단계(미간 옆 두꺼운 눈썹 피부 추가 집게 비비高 운동)
  설명(방법, 요령 등)에 따라 수면 운동은 양쪽 80차례씩 털집이
  으스러지도록 강하게 운동하십시오.

- 운동 방법 3(눈꼬리 눈썹 부분, 추가 집게 비비高 운동)

  아침 운동 1단계(눈꼬리 눈썹 부분 추가 집게 비비高 운동) 설명(방
  법, 요령 등)에 따라 수면 운동은 양쪽 80차례씩 강하게 운동하
  십시오.

- 2단계(숯덩이 눈썹 그대로 눈썹 가장자리를 예쁘게, 멋있게 고정 비
  비高 운동)

- 운동 방법 1(눈꼬리 눈썹 부분~미간 옆 피부가 두꺼운 눈썹 부분
  까지) (양손 사용)

  아침 운동 3단계(눈썹 고정 비비高 운동) 설명(방법, 요령 등)에 따
  라 수면 운동은 양쪽 눈썹 부분마다(위로⇔아래로) 100차례씩
  강하게 운동하십시오.

- 운동 방법 2(이마 쪽 눈꼬리 눈썹~미간 눈썹 가장자리) (양손 사용)

  아침 운동 3단계(눈썹 고정 비비高 운동) 설명(방법 요령 등)에 따
  라 수면 운동은 양쪽 눈썹 부분마다(옆에서⇔옆으로) 100차례
  씩 강하게 운동하십시오.

- 운동 방법 3(눈꼬리 눈썹~미간 눈썹 중앙 부분) (양손 사용)

  아침 운동 3단계(눈썹 고정 비비高 운동) 설명(방법, 요령 등)에 따라 수면 운동은 양쪽 눈썹 부분마다(옆에서⇔옆으로) 100차례씩 강하게 운동하십시오.

흰 눈썹 수면 운동 마무리!

■ 눈썹 관찰

- 흰 눈썹 운동을 시작하기 전에 양쪽 눈썹 상태를 촬영하십시오.
- 1개월마다 비교하면서 자세히 관찰하면 눈썹이 숯덩이처럼 소복하게 개선되고 흰 눈썹이 검은 눈썹으로 원상회복하는 모습을 볼 수 있습니다(탈모 증상의 눈썹이 숯덩이처럼 소복하게 개선되고, 흰 눈썹이 원상회복하는지 관찰을 습관화하십시오).

■ 흰 눈썹 운동 언제까지?

탈모 증상이 100% 개선되고, 흰 눈썹이 원상회복될 때까지 흰 눈썹 운동을 적용한 다음, 눈썹 예방 운동으로 바꿔서 세상을 떠나는 날까지 운동하십시오.

흰 눈썹 운동 방법에 제대로 숙달이 되려면 한 달 정도 실습이 필요합니다.

제2부

속눈썹 혁명

(손쉬운 예방 운동이 속눈썹 혁명이다)

속눈썹 운동

■ 탈모·흰 속눈썹 원천 예방 숱이 많고, 기다란 짙은 속눈썹

• 속눈썹 아침 운동

기상 후 경직된 속눈썹 피부 이완 및 털집(털뿌리, 멜라닌 세포)마다 소모된 활력을 보충하여 일상으로 활동하는 시간에 발생하는 속눈썹 탈모 및 흰 속눈썹 전조 예방 운동.

• 속눈썹 저녁·수면 운동

취침 중 털뿌리 활력 저하, 멜라닌 세포 기능 저하로 발생하는 탈모 및 흰 속눈썹 원천 예방은 물론 숱이 많고, 원하는 길이만큼 기다랗게 자라도록 촉진하는 운동.

(인류 남녀 공통·고등학생 이상)

✧ 속눈썹 운동으로 원하는 길이 및 탈모, 흰 속눈썹 예방률

　○ 탈모 예방 100%

　○ 흰 속눈썹 예방 100%

　○ 원하는 길이 100%.

아침, 저녁, 수면 운동 과정을 매일 제대로 적용한 경우

✧ 속눈썹 사랑 매혹적인 속눈썹 디자인 요령!

속눈썹은 털집(털뿌리)이 눈썹처럼 많지 않고 적습니다. 모든 털뿌리가 건강하게 숱도 많고, 기다랗게 자라는 상태를 유지하는 것이 중요합니다. 속눈썹 운동으로 당신의 속눈썹이 만족할 정도로 숱이 많고, 기다랗게 개선된 다음 디자인(①특정 부분만 기다랗게 ②속눈썹 컬러 염색 ③속눈썹 파마 등)하십시오.

다만 컬러 염색이나 파마 등 경우에 속눈썹 털집이나 눈알에 부작용이 미치지 않는 안전한 제품을 사용하십시오.

(각자 눈매, 얼굴상과 조화롭게, 원하는 길이만큼 기다랗게!)

속눈썹 운동

부분마다 자라는 사람의 몸털은 인체 보호 등 중요한 피부 역할을 한다. 속눈썹도 눈꺼풀과 같이 사람의 눈 보호를 위해 특히 야외 활동이 많은 남녀에게 필요한 고마운 털이다. 2cm(15~20mm) 안팎의 윗속눈썹이 울타리처럼 눈꺼풀을 둘러치고 미세먼지, 티끌, 벌레, 눈, 비 등 이물질이 눈으로 들어가는 것을 막아 준다. 강한 바람, 따가운 햇볕, 추위, 더위 등 거친 자연으로부터 눈알을 보호한다.

✧ 속눈썹 사랑 인류마다 속눈썹의 길이, 수효 등 별반 차이 없어!

서양인과 동양인, 남성과 여성의 눈매, 눈꺼풀 피부 등 다소 차이가 있지만 지구촌 인류마다 속눈썹이 자랄 수 있는 길이, 털뿌리의 수효 등은 별반 차이가 없다. 근본적인 문제는 속눈썹이 처한 안타까운 상황에 있다. 생활 동굴 속 열악한 털의 환경 외에도 일상의 약한 활력조차 미치지 못하기 때문이다. 인체의 성장기 이전까지는 비교적 길고 풍성하게 유지하지만, 인체의 성장기를 지나면서 미치는 활력이 미약해 털뿌리마다 털싹이 왕성하게 돋아나지 못하며, 휴지기가 거듭될수록 숱이 적어지고, 하늘을 찌를 듯 자라지 못해 멀

리서 잘 안 보이고 영상도 선명하지 않다. 그러나 다행히 눈을 깜박거릴 때마다 미치는 미약한 활력으로 탈모 증상은 심하지 않고 속눈썹이 벗어진 피부 속 털뿌리도 한평생 살아 있다. 누구나 속눈썹 운동으로 속눈썹 혁명을 손쉽게 이룰 수 있다. 털싹마다 모두 돋아나 풍성한 속눈썹으로 놀라운 변화 하늘을 찌를 듯한 기다란 속눈썹으로 변화(너무 자라면 속눈썹 파마나 커트로 조화롭게 관리) 멀리서도 잘 보이고 영상도 선명한 변화 갖가지 컬러, 모양 등 각자 매혹적인 속눈썹 개성미로 변화

■ **속눈썹 운동(아침·저녁·수면 운동)**

• 피부 속 털집(털뿌리)마다 미치는 영향력

　상상 초월! 속눈썹 운동 적용 후 속눈썹의 변화

항 목	변화·개선	느끼는 시기
증상 유무	①속눈썹 탈모 증상 없음(한평생). ②흰 속눈썹 발생 없음(한평생).	이튿날부터
속눈썹 개선	피부 속 털집마다 돋아나는 왕성한 털싹으로 갈수록 눈에 띄게 짙고, 숱진, 기다란 속눈썹으로 개선 (윗속눈썹 경우 15~20mm).	2개월부터
속눈썹 운동 과정 및 규정을 매일 적용한 경우.		

✍ 기상천외 속눈썹 운동 혁명 필수 코스

　　○ 아침 운동(주요 과정)

　　(1단계 속눈썹 집게 터치) (2단계 손가락 비비高 운동)

　　○ 저녁 운동(주요 과정)

　　(1단계 속눈썹 집게 터치) (2단계 손가락 비비高 운동)

　　(3단계 윗속눈썹 털집마다 양면 비비高 운동)

　　○ 수면 운동

　　(윗속눈썹 털집마다 양면 비비高 운동)

■ **속눈썹 운동(적합한 대상자 & 적절한 타이밍)**

• 속눈썹 탈모가 발생하지 않은 분(고등학생 이상).

• 흰 속눈썹이 발생하지 않은 분(흰 속눈썹이 있어도 탈모 증상에서 벗어난 분).

• 흰 속눈썹 운동으로 흰 속눈썹 회복 및 탈모 증상에서 벗어난 분.

　　○ 솜털처럼 속눈썹 형태만 있고 더 이상 자라지 않는 속눈썹인 분.

　　○ 아침 운동 낮이든 밤이든 잠자리에서 일어나는 기상 후.

　　○ 저녁 운동 정오~저녁 시간대.

　　○ 수면 운동 낮이든 밤이든 잠자리에 드는 취침 직전.

■ **속눈썹 운동 주의할 분(전문의 상담 후 결정하세요)**

• 속눈썹 이식한 분.

• 쌍꺼풀 수술한 분.

　운동 주의 속눈썹 운동 전에 or 운동 중에 눈의 충혈, 다래끼 등 눈의 질환으로 치료를 받으시는 분은 질환이 완치된 다음 운동하십시오.

✧ 속눈썹 운동 시간대·소요 시간·준비물

　　○ 아침 운동 기상 후 소요 시간 약 3분~

　　○ 저녁 운동 정오부터 저녁 시간대 소요 시간 약 7분~

　　○ 수면 운동 취침 직전 소요 시간 약 4분~

　　○ 준비물 손 세정제·인공 눈물·비누 or 피부 크림·매표 해면

　　　기 등

✧ 속눈썹 사랑 운동 시간은 자유롭게!

　기상 후 아침 운동 시간이 부족한 분은 세수하면서 속눈썹 손가락 비비高 운동하고 집게 터치 운동은 등굣길(출근) 차에서, 학교(직장)에서 휴식 시간에 틈틈이 운동하세요. 저녁 운동 경우도 정오부터 저녁 시간대에 자유롭게 운동하세요. 아침 운동 후 3시간 이상 지난 다음에 저녁 운동하는 것이 좋습니다. 수면 운동은 되도록 수면 직전에 운동하고 취침하세요. 수면 중 속눈썹이 달라집니다.

　• 초심 '속눈썹 운동' 시작 전에 운동 과정과 방법 등을 이해하십시오.

　속눈썹 운동 설명 과정을 처음부터 끝까지 자세히 읽어 보시고 단계별 운동 방법, 주의, 요령 등을 숙지한 다음 운동을 시

작하시고 세상을 떠나는 날까지 매일 소중한 '속눈썹 운동' 초
심을 잃지 마십시오.

- 운동 참고
  겨울 등 추운 날씨에는 피부 보호를 위해 실내에서 운동하십시오.

■ 속눈썹 아침 운동

– 1단계 운동 방법(속눈썹, 세상을 보다 속눈썹 집게 터치)

- 영향력 효과
  - 속눈썹 털뿌리마다 활력 충전 기다란 짙은 속눈썹으로 개선
  - 속눈썹이 벗어진 피부 속 털집마다 털싹이 우후죽순 돋아
    나도록 활력 충전
  - 흰 속눈썹 및 탈모 증상 원천 예방
  - 눈 보호 등

- 윗속눈썹 집게 터치 방법(오른쪽, 왼쪽 번갈아 적용)

- 운동 준비(거울 앞)
  한쪽 손가락으로 매표 해면기의 물기를 묻히고 윗눈꺼풀을 위
  로 밀며 당겨서 윗속눈썹 부분(털집)이 잘 보이게 한 다음 다른
  손끝으로 윗속눈썹을 아래로 가지런히 쓸어내린 상태(숙달하면
  거울 없이도 운동이 가능합니다).

- 세정제

  집게 터치는 손가락 집게로 속눈썹 털집 부분을 터치하며 운동하는 과정입니다. 손 세정제, 비누 등으로 손을 깨끗이 씻고 운동하십시오.

윗속눈썹의 혁명! 윗속눈썹, 원하는 길이·개선·관리 기간 설정하세요.

- 윗속눈썹 원하는 길이 설정

  눈매 등 자신의 얼굴상에 매력적으로 조화되도록 2cm(15~20mm) 안팎으로 원하는 길이를 설정하세요.

- 개선 기간

  윗속눈썹 운동 시작~2cm(15~20mm) 안팎으로 자랄 때까지
  (or 자신이 만족할 때까지)
  아침 운동 부분마다 집게 터치 50차례씩. 저녁 운동 부분마다 집게 터치 100차례씩, 양면 비비高 부분마다 40차례씩. 수면 운동 양면 비비高 부분마다 80차례씩 적용(매일 제대로 적용하세요).

- 관리 기간

  윗속눈썹이 2cm(15~20mm) 안팎으로 자랐을 때(or 본인이 만족할 때)부터 세상을 떠나는 날까지(윗속눈썹 상태에 따라 개선 기간 한시적으로 반복 적용하면서 관리)

아침 운동 부분마다 집게 터치 30차례씩. 저녁 운동 집게 터치 부분마다 50차례씩, 양면 비비高 부분마다 40차례씩 적용(매일 제대로 적용하세요).

효과1. 운동 강도 완화.

효과2. 너무 길지 않게 짙고 숱진 매력적인 윗속눈썹으로 한평생 관리 방법(관리 기간 수면 운동 생략).

개선, 관리 기간에 속눈썹 손가락 비비高 운동은 그대로 적용합니다.

- 운동 방법

윗속눈썹을 가운데, 왼쪽, 오른쪽 총 3부분으로 나눈다.

  ○ 왼쪽 가운뎃손가락으로 오른쪽 눈꺼풀 중앙을 살짝 밀어 올린 다음 오른손 집게로 터치합니다.

  ○ 오른쪽 가운뎃손가락으로 왼쪽 눈꺼풀 중앙을 살짝 밀어 올린 다음 왼손 집게로 터치합니다.

한 손의 엄지와 검지 집게 손끝으로 먼저 속눈썹(속눈썹 뒤로 눈꺼풀 테가 있어 속눈썹 부분이 단단한 느낌을 준다)

  ○ 가운데 부분을 터치(문지르는)하면서 동시에

  ○ 속눈썹 부분을 집었다 놓는 동작으로 운동합니다. 한번 동작으로 두 번 피부 속 털집(털뿌리)마다 활력을 충전하는 방법입니다. 처음 가운데 부분 50차례, 왼쪽 부분 50차례, 오른쪽 부분 50차례씩 운동합니다.

  (차례 윗속눈썹 부분을 집게로 터치하면서 집었다 놓으면 1차례, 연

속으로 50차례)

부분마다 50차례씩 총 3부분 150차례. 양쪽 속눈썹 각각 150
차례씩.

- 운동 요령
  - 반드시 윗속눈썹 털집(털뿌리) 부분을 터치하면서 동시에 집
    어야 합니다. 털집이 없는 윗눈꺼풀 피부를 터치하거나 집는
    동작으로 운동하면 효과가 없습니다.
  - 한번 동작으로 두 번 터치하는 과정에서 피부 탄력 등으로
    두 번째 터치(집게 손끝으로 속눈썹 부분을 터치한 후 동시에
    부분을 집는 동작)가 잘 안되는 분은 무리해서 속눈썹 부분
    을 집으려고 하지 마시고 엄지, 검지 손끝으로 속눈썹 부분
    (털집)을 터치(문지르는)하는 처음 동작만 하십시오.

- 운동 주의
  - 피부 경직과 추운 날씨 등으로 속눈썹 피부가 뻣뻣한 경우
    무시하고 운동하면 뻣뻣한 피부도 아프고 피부 속 털집(털
    뿌리)마다 미치는 활력도 미약합니다. 미지근한 물이나 물수
    건 등으로 눈을 감은 채 양쪽 눈꺼풀 부분을 축인 다음 물
    기를 닦고 운동하십시오.
  - 집게 손끝으로 속눈썹 부분(털집)을 너무 강하게 터치(문지
    르는)하거나, 비틀거나, 너무 강하게 집으면 속눈썹 피부에
    상처가 나거나 아픕니다. 운동 과정에서 약간의 아픔을 느

낄 수는 있지만 속눈썹 피부에 상처가 나거나 많이 아프지 않게 약간 강하게 터치(문지르는)하면서 약간 강하게 집어도 효과는 만점입니다(눈알은 절대로 건드리지 마십시오).

○ 긴 손톱인 경우 손톱으로 인한 피부 상처 발생에 주의하십시오.

• 운동 참고

○ 처음에는 속눈썹 부분(털집)을 집게로 터치하는 동작도, 부분마다 집기도 어렵지만 2주 정도 지나면 요령도 생기고 적응이 됩니다.

○ 처음 1주일은 피부 적응을 위해 연습 겸 약하게 부분마다 25차례씩 하시고 피부가 적응하는 2주부터는 약간 강하게 부분마다 50차례씩 집게 터치하십시오.

속눈썹 집게 터치 피부 속 털집(털뿌리)마다 미치는 영향력

(속눈썹마다 집게로 당기고 털집마다 문지르며 활력을 충전하는 효과)

• 아랫속눈썹 집게 터치 방법

(오른쪽, 왼쪽 번갈아 적용 or 양손 집게로 양쪽을 동시에 적용)

• 운동 준비(거울 앞. 숙달하면 거울 없이도 운동이 가능합니다)

한쪽 손가락으로 매표 해면기 물기를 묻히고 아랫눈꺼풀을 아래로 밀며 당겨서 아랫속눈썹 부분(털집)이 보이는 상태(아랫눈꺼풀을 아래로 당기지 않아도 집게 터치가 가능한 분은 양손으로 양

쪽을 동시에 집게 터치하십시오).

아랫속눈썹의 혁명! 아랫속눈썹 원하는 길이·개선·관리 기간 설정하세요.

- 아랫속눈썹 원하는 길이 설정
  눈매, 윗속눈썹의 길이, 얼굴상 등과 조화되도록 1cm(6~10mm) 안팎으로 원하는 길이를 설정하세요. 아랫속눈썹 개선을 원하지 않는 분은 아랫속눈썹 운동은 생략하십시오.

- 개선 기간
  아랫속눈썹 운동 시작 1cm(6~10mm) 안팎으로 자랄 때까지(or 자신이 만족할 때까지) 아침 운동 부분마다 집게 터치 50차례씩, 저녁 운동 부분마다 집게 터치 100차례씩 적용(매일 어김없이 제대로 꼼꼼하게 적용하세요).

- 관리 기간
  아랫속눈썹이 1cm(6~10mm) 안팎으로 자랐을 때(or 본인이 만족할 때)부터~세상을 떠나는 날까지(아랫속눈썹 상태에 따라 개선 기간 한시적으로 반복 적용하면서 관리) 아침 운동 부분마다 집게 터치 30차례씩, 저녁 운동 부분마다 집게 터치 50차례씩 적용(매일 제대로 적용하세요).

- 관리 기간

  효과1. 운동 강도 완화

  효과2. 너무 길지 않게 짙고 숱진 매혹적인 아랫속눈썹으로

    관리 방법(아랫속눈썹 양면 비비高 운동 생략)

- 운동 방법

  아랫속눈썹을 가운데, 왼쪽, 오른쪽 총 3부분으로 나눈다 한 손 or 양손의 엄지와 검지 집게로 먼저 속눈썹 가운데 부분을 집게 손끝으로 ①속눈썹 부분을 터치(문지르며)하면서 동시에 ②속눈썹 부분을 집었다 놓는 방법으로 운동합니다(처음 가운데 부분 50차례 왼쪽 부분 50차례 오른쪽 부분 50차례씩 운동합니다).

  (차례 아랫속눈썹 부분을 집게로 터치하면서 집었다 놓으면 1차례, 50차례 연속으로 반복)

  부분마다 연속으로 50차례씩 총 3부분 150차례 적용. 양쪽 각각 150차례씩.

- 운동 요령

  ○ 반드시 아랫속눈썹 부분(털집)을 터치하면서 동시에 집어야 합니다. 아랫속눈썹 아래쪽 털뿌리가 없는 아랫눈꺼풀 피부를 터치하거나 집는 동작으로 운동하면 효과가 없습니다.

  ○ 아랫속눈썹은 윗속눈썹과 똑같이 운동해도 윗속눈썹처럼 기다랗게 자라지 않고 윗속눈썹과 조화를 이룹니다.

- 운동 참고

  윗속눈썹 집게 터치(방법, 요령 등) 설명을 참고하십시오.

- 2단계 운동 방법(속눈썹마다 강성하게 속눈썹 손가락 비비高 운동)

- 영향력 효과

  ○ 흰 속눈썹 및 탈모 원천 예방.

  ○ 짙고, 숱진, 강성한 속눈썹으로 개선.

  ○ 눈 보호.

  ○ 눈꺼풀 노화 예방 등.

- 운동 준비(거울 앞)

- 운동 방법(속눈썹 손가락 비비高 운동, 양손으로 양쪽을 동시에)

  ○ 피부 크림(or 비누)을 양쪽 가운뎃손가락(or 눈꺼풀)에 묻힌다.

  ○ 양쪽 눈을 감는다.

  ○ 오른쪽 가운뎃손가락은 오른쪽 눈꺼풀, 왼쪽 가운뎃손가락

  은 왼쪽 눈꺼풀을 각각 미간~눈꼬리(옆에서⇔옆으로)를 왕복

  하며 문지른다. 연속으로 50차례 반복.(차례 양쪽 눈꺼풀을

  각각 한 번 왕복으로 문지르면 1차례, 50차례 연속 적용)

> 속눈썹 손가락 비비高 운동 피부 속 털집(털뿌리)마다 미치는 영향력
> (벗어지거나 허옇게 세지 않는 액모가 5시간 동안 비비며
> 활력을 충전하는 정도)

- 운동 요령
  - 눈을 감으면 윗속눈썹과 아랫속눈썹이 톱니바퀴처럼 맞물리게 됩니다. 윗눈꺼풀과 아랫눈꺼풀이 맞물린 부분(윗속눈썹이 눈꺼풀 밖으로 나와 있는 부분) 미간~눈꼬리(옆에서⇔옆으로)를 문지르면 피부 속 털집(털뿌리)마다 활력을 충전하는 동시에 윗속눈썹과 아랫속눈썹도 서로 비비며 활력을 충전합니다.
  - 처음 1주일은 피부 적응을 위해 약하게 연습 겸 문지르고 피부가 적응하는 2주부터는 약간 강하게 문지르세요.

- 운동 마무리
  손가락 비비高 운동 후에 깨끗한 물로 눈꺼풀(속눈썹)에 묻은 피부 크림(or 비누)을 씻거나 화장지 등으로 닦은 다음 마무리 하십시오.

속눈썹 아침 운동 마무리!

✼ 속눈썹 사랑 속눈썹의 신비

속눈썹 운동하면 속눈썹이 계속 머리털처럼 자라면 어쩌나? 속눈썹이 머리털처럼 길게 자랄 경우 커트하면 되지만 속눈썹은 자라는 속도가 느리고 머리털처럼 휴지기로 빠지는 주기가 길지 않고 짧으므로 털의 혁명으로 눈꺼풀이 매혹적으로 길고(윗속눈썹 경우 15~20mm 정도, 속눈썹 파마하기 좋은 길이) 짙게 자라기는 해도 머리털처럼 커트할 정도로 자라지는 않습니다.

■ 속눈썹 저녁 운동

- 1단계 운동 방법(속눈썹, 세상을 보다 속눈썹 집게 터치)
- 윗속눈썹 집게 터치 방법(오른쪽, 왼쪽 번갈아 적용)

- 운동 방법

  아침 운동 1단계 설명(방법, 요령 등)에 따라 저녁 운동은 부분마다 100차례씩 운동하십시오(양쪽 각각 300차례씩).

- 운동 요령

  처음 1주일은 피부 적응을 위해 약하게 부분마다 50차례씩 터치하고 피부가 적응하는 2주부터는 약간 강하게 부분마다 100차례씩 집게 터치하십시오.

  처음 운동(100차례) 후 눈이 약간 불편할 수 있습니다. 갈수록 적응이 됩니다.

- 아랫속눈썹 집게 터치 방법

  (오른쪽, 왼쪽 번갈아 운동 or 양손 집게로 양쪽을 동시에 운동)

- 운동 방법

  아침 운동 1단계 설명(방법, 요령 등)에 따라 저녁 운동은 부분마다 100차례씩 운동하십시오(양쪽 각각 300차례씩).

- 2단계 운동 방법(속눈썹마다 강성하게 속눈썹 손가락 비비高 운동)
- 운동 방법(속눈썹 손가락 비비高 운동, 양손으로 양쪽을 동시에)

  아침 운동 2단계 설명(방법, 요령 등)에 따라 저녁 운동도 똑같이 양쪽 50차례씩 운동하십시오.

- 3단계(상상을 초월하는 숱이 많고, 기다란 윗속눈썹으로 양면 비비高 운동)
- 영향력

  ○ 탈모 및 흰 속눈썹 원천 예방.

  ○ 속눈썹 털집마다 털싹이 우후죽순 돋아나 숱진 효과.

  ○ 각자 원하는 길이만큼 기다랗게.

  ○ 속눈썹 대칭 효과.

  ○ 눈 보호 등.

- 손 세정

  양면 비비高 운동 과정은 엄지손가락을 윗눈꺼풀 안으로 넣어서 운동하는 과정입니다. 손 세정제, 비누 등으로 손을 깨끗이 씻고 운동하십시오.

- 윗속눈썹 양면 비비高 운동 엄지와 검지 집게 사용, 오른쪽, 왼쪽 번갈아 적용

- 운동 준비(거울 앞)

  숙달하면 거울 없이도 운동이 가능합니다.

- 운동 방법

  속눈썹 부분(미간~눈꼬리)을 4부분으로 각각 나눕니다

  ○ 왼쪽 윗속눈썹 눈꼬리 부분부터 시작하여 오른쪽 윗속눈썹 눈꼬리 부분까지 총 8부분을 차례로 옮기며 부분마다 40차례씩 운동합니다.

  ○ 한 손 엄지, 검지 집게로 왼쪽 윗눈꺼풀을 집고 약간 위로 당겨 윗속눈썹 부분(털집)이 보이는 상태(당기면 속눈썹 부분마다 집게로 집고 운동하기 좋은 상태가 됩니다).

  ○ 한 손으로 윗눈꺼풀을 당기고 있는 상태서 다른 한 손 엄지 검지 집게로 부분마다 속눈썹 부분(털집)을 집고 엄지로 누르며 옆에서⇒옆으로 or 위에서⇒아래로 각자 편리에 따라 문지른다. 검지는 윗눈꺼풀 밖에서 받치고 엄지는 윗눈꺼풀 안에서 속눈썹을 부분마다 집고 누르고 비비며 운동합니다. (차례 윗속눈썹 부분을 집게로 집고 한 번 누르면서 비비면 1차례, 연속으로 40차례 반복)

  부분마다 40차례씩 총 4부분 160차례 적용. 양쪽 각각 160차례.

- 운동 요령

  ○ 엄지로 속눈썹 부분(털집)을 손가락 집게로 집고 누르며 비비는 운동입니다. 4부분으로 촘촘하게 나누어 털집 개체마

다 골고루 활력이 미치도록 꼼꼼하게 양면 비비高 운동하십시오.

- ○ 속눈썹의 크기는 사람마다 비슷하지만 조금씩 차이가 있습니다. 4부분으로 부족한 경우 5~6부분으로 촘촘하게 나누어 부분마다 40차례씩 꼼꼼하게 양면 비비高 운동하십시오.
- ○ 반드시 속눈썹 부분(털집)을 엄지와 검지로 집고 누르며 비비세요. 털뿌리가 없는 눈꺼풀 피부를 집고 누르며 비비면 속눈썹은 애탑니다. 엄지로 속눈썹 부분을 누르고 비비면 엄지 손끝에서 속눈썹 부분(털집)이 느껴집니다. 눈알은 절대로 건드리지 마세요. 속눈썹의 놀라운 변화는 이튿날부터 시작됩니다.

- 운동 처음 2주
  - ○ 거울을 보면서 ①각각 4부분 나누기. ②속눈썹 부분마다 집게로 집는 연습을 하시고 부분마다 20차례씩만 약하게 실습하십시오. 처음엔 접근도 어렵고, 집히지도 않고, 피부도 미끄럽고 아파서 쉽지 않지만 2주일 정도 지나면 피부가 적응하며 속눈썹 피부를 만지거나 누르고 비벼도 되고, 거울을 보지 않아도 능숙한 전문가가 됩니다.
  - ○ 윗속눈썹 피부 적응을 위해 처음 2주일은 약하게 연습 겸 운동하고 피부가 적응하는 3주부터는 피부에 상처가 나지 않는 선에서 엄지와 검지로 속눈썹 부분마다 강하게 누르고 비비며 40차례씩 운동하십시오.

- 속눈썹도 강한 털이다

  속눈썹의 상태, 털집 기능 등 머리털이나 눈썹과 똑같습니다. 속에 있다고 해서 다르거나 약하지 않습니다. 2주 후 피부가 적응한 다음부터는 털집이 으스러질 정도로 강하게 운동하십시오.

> 윗속눈썹 양면 비비高 운동 피부 속 털집(털뿌리)마다 미치는 영향력
> (자동 심장 충격기 정도)

- 운동 주의 및 참고 사항(반드시 숙지)
  - 엄지나 손톱으로 눈알을 건드리지 마시고 설명에 따라 안전하게 운동하십시오.
  - 운동 직후 깨끗한 물이나 인공 눈물로 눈을 축이고 깜박깜박하십시오.
  - 눈을 축이면 엄지와 닿아서 건조해진 윗속눈썹 안쪽 피부가 부드러워지며 윗눈꺼풀과 눈알도 편안합니다. 또한 헝클어진 속눈썹도 앞으로 가지런히 정리됩니다.
  - 눈을 축여도 10분 정도 윗눈꺼풀 등이 불편할 수 있습니다(윗눈꺼풀을 당기고 있는 과정에서 윗눈꺼풀이 약간 일그러지는 현상도 나타날 수 있으나 눈을 축이고 시간이 지나면서 정상화됩니다).
  - 엄지, 검지 손톱이 긴 경우, 눈알을 건드리거나 속눈썹 피부에 상처가 발생하지 않도록 주의하십시오.

✏ 속눈썹 사랑 갈수록 숱이 많아지고 길어지는 속눈썹의 혁명!

윗속눈썹 양면 비비高 운동하면 각자 원하는 길이만큼 자라게 할 수 있는 것 외에도 속눈썹 숱이 많아지는 변화가 옵니다. 털뿌리마다 털싹이 우후죽순 돋아나기 때문입니다. 그런데 속눈썹 숱이 많아질수록 운동 후 눈을 축여도 눈알 쪽으로 향해 있거나 엉켜 있는 애들이 있어 불편할 때도 있습니다. 운동 후 눈을 축여도 이런 경우가 나타나면 눈을 만지거나 비비지 말고 깨끗한 물이나 인공 눈물로 불편한 쪽 눈을 다시 축이고 깜박이면 눈알로 향해 있던 속눈썹은 앞으로 나란히 제자리로 돌아오고 헝클어진 속눈썹도 가지런히 정리되어 눈이 편안합니다. 또한 기상 후 눈곱으로 눈이 떠지지 않고 윗속눈썹이 아랫속눈썹과 달라붙어 있는 경우도 눈을 만지거나 비비지 말고 깨끗한 물이나 인공 눈물로 눈을 축인 후 떼세요. 무리해서 힘주어 떼면 속눈썹이 끊어지거나 뽑히는 경우가 발생합니다.

속눈썹 저녁 운동 마무리!

■ **수면 운동(상상을 초월하는 숱이 많고, 기다란 윗속눈썹으로 양면 비비高 운동)**

• 운동 준비, 시간

　거울 앞 or 침대 머리(낮이든 밤이든 취침 직전).

• 수면 운동 주목

　속눈썹 저녁 운동 후 곧바로 잠자리에 드는 경우도 반드시 수면 운동을 추가로 적용하고 취침하십시오.

✧ 속눈썹 사랑 수면 운동의 중요성

속눈썹은 위치상의 문제와 피부 특징(눈꺼풀 테에 붙어 있어 단단함)으로 집게 터치와 손가락 비비高 운동만으로 털집이 으스러질 정도로 강한 활력 충전이 어렵습니다. 그러므로 수면 운동으로 보강하는 주요 과정입니다. 털집이 으스러질 정도로 강한 활력 충전이 가능한 수면 운동(강화된 양면 비비高 운동)으로 숱이 많고, 빠른 속도로 길게 자라면서 눈에 띄는 개선 상태를 보입니다.

- 윗속눈썹 양면 비비高 운동

  엄지와 검지 집게 사용, 오른쪽, 왼쪽 번갈아 적용

  (윗속눈썹만 운동합니다. 아랫속눈썹은 아침, 저녁 운동으로 충분합니다)

- 운동 방법

  저녁 운동 3단계(윗속눈썹 양면 비비高 운동) 설명(방법, 요령 등)에 따라 수면 운동은 윗속눈썹 부분(양쪽 각각 4~6부분)마다 80차례씩 꼼꼼하게 운동하십시오.

  (4부분으로 나눌 경우 양쪽 8부분 총 640차례 적용)

- 운동 요령

  ○ 한번에 부분마다 80차례씩 운동해도 되지만 부분마다 40

차례씩 두 번 나누어(총 80차례) 운동하면 힘들지 않고 털뿌리마다 미치는 활력도 극대화됩니다.

○ 피부 적응을 위해 처음 2주일은 약하게 연습 겸 부분마다 40차례씩 약하게 운동하시고 피부가 적응하는 3주부터는 피부에 상처가 나지 않는 선에서 엄지와 검지로 속눈썹 털집 부분마다 강하게 누르고 비비며 80차례씩 운동하십시오.

• 속눈썹 대칭
○ 양쪽 속눈썹 대칭 고민이 있는 분은 ①양호한 쪽 속눈썹은 부분마다 40차례씩 ②부족한 쪽 속눈썹은 부분마다 80차례씩 대칭을 이룰 때까지 운동하십시오.
○ 양쪽 속눈썹이 대칭을 이룬 다음부터는 개선 기간이 끝날 때까지 양쪽 똑같이 80차례씩 운동하십시오.

속눈썹 수면 운동 마무리

• 속눈썹 관찰
○ 속눈썹은 자라는 속도(1개월에 1mm 안팎)가 느리기 때문에 처음 1개월은 느낌이 없습니다. 처음 속눈썹 운동 전에 양쪽 속눈썹 상태를 촬영하십시오.
○ 1개월마다 자세히 관찰하면 숱이 많고, 기다랗게 자라는 모습을 볼 수 있습니다(속눈썹 숱이 많아지고, 기다랗게 개선되고 유지되는지 매월 지정된 날에 관찰을 습관화하면서 개선, 관

리 기간을 적절하게 조절하며 관리하십시오).

- 속눈썹 운동

  언제까지? 세상을 떠나는 날까지.

- 속눈썹 운동

  방법에 제대로 숙달이 되려면 한 달 정도 실습이 필요합니다.

흰 속눈썹 운동

(흰 속눈썹·벗어진 속눈썹, 원상회복 운동)

■ 흰 속눈썹 아침 운동

기상 후 경직된 속눈썹 피부 이완 및 털집(털뿌리, 멜라닌 세포)마다 소모된 활력을 보충하여 일상으로 활동하는 시간에 발생하는 속눈썹 탈모 및 흰 속눈썹 전조 예방 운동.

■ 흰 속눈썹 저녁·수면 운동

취침 중 털뿌리 활력 저하, 멜라닌 세포 기능 저하로 발생하는 탈모 및 흰 속눈썹을 원천 예방하고 이미 발생한 탈모 증상은 100% 개선, 흰 속눈썹은 검고 기다랗게 원상회복하는 운동.

(인류 남녀 공통)

✧ 흰 속눈썹 및 탈모 예방률·개선율(속눈썹 전체 평균)

○ 흰 속눈썹·탈모 예방 100%

○ 흰 속눈썹 검은 속눈썹으로 회복 98%~

○ 탈모 원상회복 100%(살아 있는 털뿌리는 모두 재생한다는 의미)

아침, 저녁, 수면 운동 과정을 매일 제대로 적용한 경우

<table>
<tr><td>속눈썹 탈모 증상에서 벗어나는 시점 – 자가 체크 방법!
(탈모·흰 속눈썹 필수 운동 기간인 12개월이 지난 다음 평가하십시오)</td></tr>
</table>

■ 흰 속눈썹 운동을 시작한 날(　　　 년　　 월　　 일)

■ 12개월 되는 날(　　　 년　　 월　　 일)

(탈모 증상에서 벗어나는 날부터 당신의 속눈썹 역사는 다시 시작됩니다!)

• 윗속눈썹~아랫속눈썹까지 탈모 증상이 없던 시절처럼
기다랗게, 숱이 많고 짙은 속눈썹으로 원상회복됨(　).
(증상에서 벗어남. 충족 대체로 1년 정도 소요)

위 사항에 부합하는 경우 속눈썹 탈모에서 벗어난 분으로
흰 속눈썹이 남아 있다면 원상회복할 때까지 흰 속눈썹 운동을
계속하는 방법과 남아 있는 흰 속눈썹과 관계없이 흰 속눈썹 운동을
종료하고 속눈썹 운동(예방)으로 바꿔서 매일 운동하는 방법이 있습니다.

(심한 탈모도 원상회복, 길이가 짧거나 흰 속눈썹은 기다랗게 짙은 속눈썹으로!)

■ 흰 속눈썹 운동

속눈썹은 사람의 몸털 중에서 가장 소외된 털이다. 머리털은 머리 감을 때, 눈썹과 수염은 세수할 때 등 일상에서 미약하나마 활력을

충전한다. 그러나 속눈썹은 일상의 미약한 활력도 미치지 못한다. 인체의 성장기가 지나고 휴지기가 거듭될수록 숱이 줄고, 길이도 점점 짧아지는 이유다. 그러나 다행히도 눈을 깜박거릴 때마다 미치는 약한 활력으로 벗어진 털집의 털뿌리는 한평생 살아 있어 속눈썹이 아예 보이지 않아도 흰 속눈썹 운동으로 속눈썹 혁명을 이룰 수 있다.

■ **흰 속눈썹 운동(아침·저녁·수면 운동)**

• 피부 속 털집(털뿌리)마다 미치는 영향력

　상상 초월! 흰 속눈썹 운동 적용 후 속눈썹의 변화

항 목	변화·개선	느끼는 시기
증상 유무	①속눈썹 탈모 증상 멈춤 ②흰 속눈썹 증상 멈춤	이튿날부터
속눈썹 개선	피부 속 털집마다 돋아나는 왕성한 털싹으로 갈수록 눈에 띄게 기다란 짙은 속눈썹으로 개선 살아 있는 털뿌리가 있는 경우에 해당.	2개월부터
흰 속눈썹 회복 시작	멜라닌 세포의 상태, 흰 속눈썹 털집 위치, 깊이 및 털집에 미치는 강도 등에 따라 100% 회복이 어려울 수 있으며 회복되는(속도·비율·완성 시기) 정도가 각자 다릅니다.	이튿날부터
흰 속눈썹 운동 과정 및 규정을 매일 제대로 적용한 경우		

✰ 기상천외 흰 속눈썹 운동 혁명 필수 코스

- 아침 운동(주요 과정)
  - ○ (1단계 속눈썹 집게 터치)
  - ○ (2단계 손가락 비비高 운동)
  - ○ (3단계 윗속눈썹 털집마다 양면 비비高 운동)

- 저녁 운동(주요 과정)
  - ○ (1단계 속눈썹 집게 터치)
  - ○ (2단계 손가락 비비高 운동)
  - ○ (3단계 윗속눈썹 털집마다 양면 비비高 운동)

- 수면 운동

  (윗속눈썹 털집마다 양면 비비高 운동)

■ 흰 속눈썹 운동(적합한 대상자 & 적절한 타이밍)

- 흰 속눈썹·탈모 증상이 발생한 분, 속눈썹 길이가 짧은 분.
- 속눈썹 숱이 적은 분(속눈썹이 모두 벗어진 분).
- 솜털처럼 속눈썹 형태만 있고 더 이상 자라지 않는 속눈썹인 분.
- 아침 운동 낮이든 밤이든 잠자리에서 일어나는 기상 후.
- 저녁 운동 정오~저녁 시간대.
- 수면 운동 낮이든 밤이든 잠자리에 드는 취침 직전.

■ 흰 속눈썹 운동 주의할 분(전문의 상담 후 결정하세요)

• 속눈썹 이식한 분.

• 쌍꺼풀 수술한 분.

속눈썹 운동 전에 or 운동 중에 눈의 충혈, 다래끼 등 눈의 질환으로 치료를 받으시는 분은 질환이 완치된 다음 운동하십시오.

✧ 흰 속눈썹 운동 시간대·소요 시간·준비물

　○ 아침 운동 기상 후 소요 시간 약 8분~

　○ 저녁 운동 정오부터 저녁 시간대 소요 시간 약 13분~

　○ 수면 운동 낮이든 밤이든 취침 직전 소요 시간 약 8분~

　○ 준비물 손 세정제·인공 눈물·비누 or 피부 크림·거울·매표 해면기 등.

✧ 속눈썹 사랑 운동 시간은 자유롭게!

기상 후 아침 운동 시간이 부족한 분은 세수하면서 속눈썹 손가락 비비高 운동하고 집게 터치, 양면 비비高는 출근(등굣길)길 차에서, 직장(학교)에서 휴식 시간에 틈틈이 운동하세요. 저녁 운동 경우도 정오부터 저녁 시간대에 자유롭게 운동하세요. 아침 운동 후 3시간 이상 지난 다음에 저녁 운동하는 것이 좋습니다. 수면 운동은 되도록 수면 직전에 운동하고 취침하세요. 수면 중 속눈썹이 달라집니다.

• 초심 '흰 속눈썹 운동' 시작 전에 운동 과정과 방법 등을 이해

하십시오.

흰 속눈썹 운동 설명 과정을 처음부터 끝까지 자세히 읽어 보시고 단계별 운동 방법, 주의, 요령 등을 숙지한 다음 운동을 시작하시고 세상을 떠나는 날까지 매일 소중한 '흰 속눈썹 운동' 초심을 잃지 마십시오.

• 운동 주의

겨울 등 추운 날씨에는 피부 보호를 위해 따뜻한 실내에서 운동하십시오.

■ 흰 속눈썹 아침 운동

- 1단계 운동 방법(속눈썹, 세상을 보다 속눈썹 집게 터치)

• 영향력 효과

　○ 기다란 짙은 속눈썹으로 개선.

　○ 속눈썹이 벗어진 피부 속 털집마다 털싹이 돋아나도록 활력
　　충전.

　○ 흰 속눈썹 및 탈모 증상 원상회복.

　○ 눈 보호 등.

• 윗속눈썹 집게 터치 방법(오른쪽, 왼쪽 번갈아 적용)

• 운동 준비(거울 앞. 숙달하면 거울 없이도 가능합니다)

한쪽 손가락으로 매표 해면기 물기를 묻히고 윗눈꺼풀을 위로

밀며 당겨서 윗속눈썹 부분(털집)이 잘 보이게 한 다음 다른 손
끝으로 윗속눈썹을 아래로 가지런히 쓸어내린 상태.

- 손 세정

  집게 터치는 손가락 집게로 속눈썹 부분(털집)을 터치하며 운
  동하는 과정입니다. 눈 건강을 위해 손 세정제, 비누 등으로 손
  을 깨끗이 씻고 운동하십시오.

- 운동 방법
  - 윗속눈썹을 가운데, 왼쪽, 오른쪽 총 3부분으로 나눈다 ①
    왼쪽 가운뎃손가락으로 오른쪽 눈꺼풀 중앙을 살짝 밀어
    올린 다음 오른손 집게로 터치합니다. ②오른쪽 가운뎃손가
    락으로 왼쪽 눈꺼풀 중앙을 살짝 밀어 올린 다음 왼손 집게
    로 터치합니다.
  - 한 손의 엄지와 검지 집게 손끝으로 먼저 속눈썹(속눈썹 뒤
    로 눈꺼풀 테가 있어 속눈썹 부분이 단단한 느낌을 준다) ①가
    운데 부분을 터치(문지르는)하면서 동시에 ②속눈썹 부분
    을 집었다 놓는 동작으로 운동합니다. 한번 동작으로 두
    번 피부 속 털집(털뿌리)마다 활력을 충전하는 방법입니다.

  처음 가운데 부분 100차례. 왼쪽 부분 100차례 오른쪽 부분
  100차례씩 운동합니다.

  (차례 윗속눈썹 부분을 집게로 터치하면서 집었다 놓으면 1차례, 연
  속으로 100차례)

부분마다 100차례씩 총 3부분 300차례. 양쪽 속눈썹 각각
300차례씩.

- 운동 요령
  - 반드시 윗속눈썹 털집(털뿌리) 부분을 터치하면서 동시에 집
    어야 합니다. 털집이 없는 윗눈꺼풀 피부를 터치하거나 집는
    동작으로 운동하면 효과가 없습니다.
  - 한번 동작으로 두 번 터치하는 과정에서 피부 탄력 등으로
    두 번째 터치(집게 손끝으로 속눈썹 부분을 터치한 후 동시에
    부분을 집는 동작)가 잘 안되는 분은 무리해서 속눈썹 부분
    을 집으려고 하지 마시고 엄지, 검지 손끝으로 속눈썹 부(털
    집)을 터치(문지르는)하는 처음 동작만 하십시오.

- 운동 주의
  - 피부 경직과 추운 날씨 등으로 속눈썹 피부가 뻣뻣한 경우
    무시하고 운동하면 뻣뻣한 피부도 아프고 피부 속 털집(털뿌리)
    마다 미치는 활력도 미약합니다. 미지근한 물이나 물수건 등
    으로 눈을 감은 채 양쪽 눈꺼풀 부분을 축인 다음 물기를 닦
    고 운동하십시오.
  - 집게 손끝으로 속눈썹 부분(털집)을 너무 강하게 터치(문지
    르는)하거나, 비틀거나, 너무 강하게 집으면 속눈썹 피부에
    상처가 나거나 아픕니다. 운동 과정에서 약간의 아픔을 느
    낄 수는 있지만 속눈썹 피부에 상처가 나거나 많이 아프지

않게 약간 강하게 터치(문지르는)하면서 약간 강하게 집어도 효과는 만점입니다(눈알은 절대로 건드리지 마십시오).

○ 긴 손톱인 경우 손톱으로 인한 피부 상처 발생에 주의하십시오.

- 운동 참고
  ○ 처음에는 속눈썹 부분(털집)을 집게로 터치하는 동작도, 부분마다 집기도 어렵지만 2주 정도 지나면 요령도 생기고 적응이 됩니다.
  ○ 처음 1주일은 피부 적응을 위해 연습 겸 약하게 부분마다 50차례씩 하시고 피부가 적응하는 2주부터는 약간 강하게 부분마다 100차례씩 집게 터치하십시오.

> 속눈썹 집게 터치 피부 속 털집(털뿌리)마다 미치는 영향력
> (속눈썹마다 집게로 당기고 털집마다 문지르며 활력을 충전하는 효과)

- 아랫속눈썹 집게 터치 방법
  (오른쪽, 왼쪽 번갈아 적용 or 양손 집게로 양쪽을 동시에 적용)

- 운동 준비(거울 앞. 숙달하면 거울 없이도 운동이 가능합니다)
  한쪽 손가락으로 매표 해면기 물기를 묻히고 아랫눈꺼풀을 아래로 밀며 당겨서 아랫속눈썹 부분(털집)이 보이는 상태(아랫눈꺼풀을 아래로 당기지 않아도 집게 터치가 가능한 분은 양손으로 양쪽을 동시에 집게 터치하십시오).

- 운동 방법

아랫속눈썹을 가운데, 왼쪽, 오른쪽 총 3부분으로 나눈다. 한 손 or 양손의 엄지와 검지 집게로 먼저 속눈썹 가운데 부분을 집게 손끝으로 ①속눈썹 부분을 터치(문지르며)하면서 동시에 ②속눈썹 부분을 집었다 놓는 방법으로 운동합니다(처음 가운데 부분 100차례 왼쪽 부분 100차례 오른쪽 부분 100차례씩 운동합니다).

(차례 아랫속눈썹 부분을 집게로 터치하면서 집었다 놓으면 1차례, 100차례 반복)

부분마다 연속으로 100차례씩 총 3부분 300차례 적용. 양쪽 각각 300차례씩.

• 운동 요령

　○ 반드시 아랫속눈썹 부분(털집)을 터치하면서 동시에 집어야 합니다. 아랫속눈썹 아래쪽 털뿌리가 없는 아랫눈꺼풀 피부를 터치하거나 집는 동작으로 운동하면 효과가 없습니다.

　○ 아랫속눈썹은 윗속눈썹과 똑같이 운동해도 윗속눈썹처럼 기다랗게 자라지 않고 윗속눈썹과 조화를 이룹니다.

• 운동 참고

　윗속눈썹 집게 터치(방법, 요령 등) 설명을 참고하십시오.

- 2단계 운동 방법(속눈썹마다 강성하게 속눈썹 손가락 비비高 운동)

• 영향력 효과

○ 흰 속눈썹·탈모 원천 예방 및 개선.

○ 기다랗게, 짙고, 숱진, 강성한 속눈썹으로 개선.

○ 눈 보호.

○ 눈꺼풀 노화 예방 등.

• 운동 준비(거울 앞)

• 운동 방법(속눈썹 손가락 비비高 운동, 양손으로 양쪽을 동시에)

○ 피부 크림(or 비누)을 양쪽 가운뎃손가락(or 눈꺼풀)에 묻힌다.

○ 양쪽 눈을 감는다

○ 오른쪽 가운뎃손가락은 오른쪽 눈꺼풀, 왼쪽 가운뎃손가락

은 왼쪽 눈꺼풀을 각각 미간~눈꼬리(옆에서⇔옆으로)를 왕복

하며 문지른다. 연속으로 100차례 반복.

(차례 양쪽 눈꺼풀을 각각 한 번 왕복으로 문지르면 1차례, 100차례

연속 적용)

속눈썹 손가락 비비高 운동 피부 속 털집(털뿌리)마다 미치는 영향력

(벗어지거나 허옇게 세지 않는 액모가 10시간 동안 비비며

활력을 충전하는 정도)

• 운동 요령

○ 눈을 감으면 윗속눈썹과 아랫속눈썹이 톱니바퀴처럼 맞물

리게 됩니다. 윗눈꺼풀과 아랫눈꺼풀이 맞물린 부분(윗속눈썹이 눈꺼풀 밖으로 나와 있는 부분)의 미간~눈꼬리(옆에서⇔옆으로)를 문지르면 피부 속 털집(털뿌리)마다 활력을 충전하는 동시에 윗속눈썹과 아랫속눈썹도 서로 비비며 활력을 충전합니다.

○ 처음 1주일은 피부 적응을 위해 약하게 연습 겸 문지르고 피부가 적응하는 2주부터는 약간 강하게 문지르세요.

• 운동 마무리

손가락 비비高 운동 후에 깨끗한 물로 눈꺼풀(속눈썹)에 묻은 피부 크림(or 비누)을 씻거나 화장지 등으로 닦은 다음 마무리 하십시오.

− 3단계(상상을 초월하는 숱이 많고, 기다란 윗속눈썹으로 양면 비비高 운동)

• 영향려

○ 탈모 100% 개선, 흰 속눈썹을 검은 속눈썹으로 원상회복.

○ 속눈썹 털집마다 털싹이 우후죽순 돋아나 숱진 효과.

○ 원하는 길이만큼 기다랗게.

○ 양쪽 속눈썹 대칭 효과.

○ 눈 보호 등.

- 운동 주의

  양면 비비高 운동 과정은 엄지손가락을 윗눈꺼풀 안으로 넣어
  서 운동하는 과정입니다. 반드시 손 세정제, 비누 등으로 손을
  깨끗이 씻고 운동하십시오.

- 윗속눈썹 양면 비비高 운동 엄지와 검지 집게 사용, 오른쪽,
  왼쪽 번갈아 적용

- 운동 준비(거울 앞)

  숙달하면 거울 없이도 운동이 가능합니다.

- 운동 방법

  속눈썹 부분(미간~눈꼬리)을 4부분으로 각각 나눕니다.

  ○ 왼쪽 윗속눈썹 눈꼬리 부분부터 시작하여 오른쪽 윗속
    눈썹 눈꼬리 부분까지 총 8부분을 차례로 옮기며 부분
    마다 40차례씩 운동합니다.

  ○ 한 손 엄지, 검지 집게로 왼쪽 윗눈꺼풀을 집고 약간 위
    로 당겨 윗속눈썹 부분(털집)이 보이는 상태(당기면 속눈
    썹 부분마다 집게로 집고 운동하기 좋은 상태가 됩니다.

  ○ 한 손으로 윗눈꺼풀을 당기고 있는 상태서 다른 한 손 엄
    지 검지 집게로 부분마다 속눈썹 부분(털집)을 집고 엄
    지로 누르며 옆에서⇒옆으로 or 위에서⇒아래로 각자 편
    리에 따라 문지른다. 검지는 윗눈꺼풀 밖에서 받치고 엄

지는 윗눈꺼풀 안에서 속눈썹을 부분마다 집고 누르고 비비며 운동합니다.

(차례 윗속눈썹 부분을 집게로 집고 한 번 누르면서 비비면 1차례, 연속으로 40차례 반복)

부분마다 40차례씩 총 4부분 160차례 적용. 양쪽 각각 160차례.

- 운동 요령
  - 엄지로 속눈썹 부분(털집)을 손가락 집게로 집고 누르며 비비는 운동입니다. 4부분으로 촘촘하게 나누어 털집 개체마다 골고루 활력이 미치도록 꼼꼼하게 양면 비비高 운동하십시오.
  - 속눈썹의 크기는 사람마다 비슷하지만 조금씩 차이가 있습니다. 4부분으로 부족한 경우 5~6부분으로 촘촘하게 나누어 부분마다 40차례씩 꼼꼼하게 양면 비비高 운동하십시오.
  - 반드시 속눈썹 부분(털집)을 엄지와 검지로 집고 누르며 비비세요. 털뿌리가 없는 눈꺼풀 피부를 집고 누르며 비비면 속눈썹은 애탑니다. 엄지로 속눈썹 부분을 누르고 비비면 엄지 손끝에서 속눈썹 부분(털집)이 느껴집니다. 눈알은 절대로 건드리지 마세요. 속눈썹의 놀라운 변화는 이튿날부터 시작됩니다.

- 운동 처음 2주
  - 거울을 보면서 ①각각 4부분 나누기 ②속눈썹 부분마다 집

게로 집는 연습을 하시고 부분마다 20차례씩만 약하게 실습하십시오. 처음엔 접근도 어렵고, 집히지도 않고, 피부도 미끄럽고 아파서 쉽지 않지만 2주일 정도 지나면 피부가 적응하며 속눈썹 피부를 만지거나 누르고 비벼도 되고, 거울을 보지 않아도 능숙한 전문가가 됩니다.

ㅇ 윗속눈썹 피부 적응을 위해 처음 2주일은 약하게 연습 겸 운동하고 피부가 적응하는 3주부터는 피부에 상처가 나지 않는 선에서 엄지와 검지로 속눈썹 부분마다 강하게 누르고 비비며 40차례씩 운동하십시오.

- 속눈썹도 강한 털이다

속눈썹의 상태, 털집 기능 등 머리털이나 눈썹과 똑같습니다. 속에 있다고 해서 다르거나 약하지 않습니다. 2주 후 피부가 적응한 다음부터는 털집이 으스러질 정도로 강하게 운동하십시오.

<table>
<tr><td>윗속눈썹 양면 비비高 운동 피부 속 털집(털뿌리)마다 미치는 영향력
(자동 심장 충격기 정도)</td></tr>
</table>

- 운동 주의 및 참고 사항(반드시 숙지)

ㅇ 엄지나 손톱으로 눈알을 건드리지 마시고 설명에 따라 안전하게 운동하십시오.

ㅇ 운동 직후 깨끗한 물이나 인공 눈물로 눈을 축이고 깜박깜박하십시오.

○ 눈을 축이면 엄지와 닿아서 건조해진 윗속눈썹 안쪽 피부가 부드러워지며 윗눈꺼풀과 눈알도 편안합니다. 또한 헝클어진 속눈썹도 앞으로 가지런히 정리됩니다.

○ 눈을 축여도 10분 정도 윗눈꺼풀 등이 불편할 수 있습니다(윗눈꺼풀을 당기고 있는 과정에서 윗눈꺼풀이 약간 일그러지는 현상도 나타날 수 있으나 눈을 축이고 시간이 지나면서 정상화됩니다).

○ 엄지, 검지 손톱이 긴 경우, 눈알을 건드리거나 속눈썹 피부에 상처가 발생하지 않도록 주의하십시오.

흰 속눈썹 아침 운동 마무리!

■ 흰 속눈썹 저녁 운동

– 1단계 운동 방법(속눈썹, 세상을 보다 속눈썹 집게 터치)

• 윗속눈썹 집게 터치 방법(오른쪽, 왼쪽 번갈아 적용)

• 운동 방법

아침 운동 1단계 설명(방법, 요령 등)에 따라 저녁 운동은 부분마다 200차례씩 운동하십시오(양쪽 각각 600차례씩).

• 운동 요령

○ 처음 1주일은 피부 적응을 위해 약하게 부분마다 100차례씩 터치하고 피부가 적응하는 2주부터는 약간 강하게 부분

마다 200차례씩 집게 터치하십시오.

ㅇ 부분마다 100차례씩 두 번 나누어 운동하십시오. 부분마다 한번에 200차례씩 운동하면 힘들고 피부가 아플 수 있습니다.

ㅇ 처음 운동(200차례) 후 눈이 약간 불편할 수 있습니다. 갈수록 적응이 됩니다.

- 운동 주의

  집게 터치를 너무 약하게 하면 효과도 미미합니다. 반면에 너무 강하게 하면 효과는 좋지만, 속눈썹 피부가 아프고 상처가 생길 수도 있습니다. 터치 과정에서 약간 아픔을 느낄 수는 있습니다. 피부가 아픈 것은 피부가 적응하기 전이거나 너무 강하게 터치하는 경우입니다. 서두르지 말고 약간 강하게 터치하십시오.

- 아랫속눈썹 집게 터치 방법

  (오른쪽, 왼쪽 번갈아 적용 or 양손 집게로 양쪽을 동시에 적용)

- 운동 방법

  아침 운동 1단계 설명(방법, 요령 등)에 따라 저녁 운동은 부분마다 200차례씩 운동하십시오(양쪽 각각 600차례씩).

- 운동 참고

  아랫속눈썹은 윗속눈썹과 똑같이 운동해도 윗속눈썹처럼 기다랗게 자라지 않고 윗속눈썹과 조화를 이룹니다.

- 2단계 운동 방법(속눈썹마다 강성하게 속눈썹 손가락 비비高 운동)

- 운동 방법(속눈썹 손가락 비비高 운동, 양손으로 양쪽을 동시에)

  아침 운동 2단계 설명(방법, 요령 등)에 따라 저녁 운동도 똑같이 양쪽 100차례씩 운동하십시오.

- 3단계(상상을 초월하는 숱이 많고, 기다란 윗속눈썹으로 양면 비비高 운동)

- 윗속눈썹 양면 비비高 운동 엄지와 검지 집게 사용, 오른쪽, 왼쪽 번갈아 적용

- 운동 방법

  아침 운동 3단계(윗속눈썹 양면 비비高 운동) 설명(방법, 요령 등)에 따라 저녁 운동은 윗속눈썹 부분(양쪽 각각 4~6부분)마다 80차례씩 꼼꼼하게 운동하십시오(4부분으로 나눌 경우 양쪽 8부분 총 640차례 적용)

- 운동 요령

  ○ 한번에 부분마다 80차례씩 운동해도 되지만 부분마다 40차례씩 두 번 나누어(총 80차례) 운동하면 힘들지 않고 털뿐

리마다 미치는 활력도 극대화됩니다.

○ 피부 적응을 위해 처음 2주일은 약하게 연습 겸 부분마다 40차례씩 운동하시고 피부가 적응하는 3주부터는 피부에 상처가 나지 않는 선에서 엄지와 검지로 속눈썹 털집 부분을 부분마다 강하게 누르고 비비며 80차례씩 운동하십시오.

흰 속눈썹 저녁 운동 마무리

■ **수면 운동(상상을 초월하는 숱이 많고 기다란 윗속눈썹으로 양면 비비高 운동)**

• 수면 운동 주목

속눈썹 저녁 운동 후 곧바로 잠자리에 드는 경우도 반드시 수면 운동을 추가로 적용하고 취침 하십시오.

• 윗속눈썹 양면 비비高 운동 엄지와 검지 집게 사용, 오른쪽, 왼쪽 번갈아 적용

• 운동 준비

거울 앞 or 침대 머리(낮이든 밤이든 취침 직전)

• 운동 방법

아침 운동 3단계(윗속눈썹 양면 비비高 운동) 설명(방법, 요령 등)에 따라 수면 운동은 윗속눈썹 부분(양쪽 각각 4~6부분)마다

120차례씩 꼼꼼하게 운동하십시오(4부분으로 나눌 경우 양쪽 8부분 총 960차례 적용)

- 운동 요령
  - 한번에 부분마다 120차례씩 운동해도 되지만 부분마다 60차례씩 두 번 나누어(총 120차례) 운동하면 힘들지 않고 털 뿌리마다 미치는 활력도 극대화됩니다.
  - 피부 적응을 위해 처음 2주일은 약하게 연습 겸 부분마다 60차례씩 약하게 운동하시고 피부가 적응하는 3주부터는 피부에 상처가 나지 않는 선에서 엄지와 검지로 속눈썹 털집 부분마다 강하게 누르고 비비며 120차례씩 운동하십시오.

- 속눈썹 대칭
  - 양쪽 속눈썹 대칭 고민이 있는 분은 ①양호한 쪽 속눈썹은 부분마다 60차례씩 ②부족한 쪽 속눈썹은 부분마다 120차례씩 대칭을 이룰 때까지 운동하십시오.
  - 양쪽 속눈썹이 대칭을 이룬 다음부터는 양쪽 똑같이 120차례씩 예방 운동으로 갈 때까지 운동하십시오.

흰 속눈썹 수면 운동 마무리

- 속눈썹 관찰
  - 처음 흰 속눈썹 운동 전에 양쪽 속눈썹을 촬영하거나 관찰한 다음 1개월마다 탈모 개선·흰 속눈썹 원상회복 상태를

확인하십시오.

○ 1개월마다 비교하면서 자세히 확인하면 흰 속눈썹이 검은 속눈썹으로 회복되고 탈모 증상이 원상회복되면서 숱이 많아지고, 기다랗게 자라는 모습을 볼 수 있습니다.

흰 속눈썹 운동 언제까지? 흰 속눈썹과 탈모 증상이 원상회복될 때까지 적용한 다음 속눈썹 운동(예방)으로 바꿔서 세상을 떠나는 날까지 운동하십시오.

흰 속눈썹 운동 방법에 제대로 숙달이 되려면 한 달 정도 실습이 필요합니다.

제3부

머리털 혁명

머리털 아침 운동

■ **머리털 아침 운동**

예방 운동, 개선 운동, 머리털 길이와 관계없이 공통 과정

(인류 남녀 공통·고등학생 이상)

✗ **머리털 아침 운동으로 탈모·흰머리 전조 예방률(한평생)**

활동하는 시간에 발생하는 탈모·흰머리 전조 예방 100%

아침, 저녁 운동 과정을 매일 제대로 적용한 경우

■ **머리털 아침 운동으로 확 달라지는 머릿결**

머리털 아침 운동은 기상 후 경직된 윗머리 등 두피 이완 및 두피 마사지와 털집(털뿌리, 멜라닌 세포)마다 소모된 활력 충전으로 예방 (활동하는 시간에 흰머리 및 탈모 전조 증상이 발생하지 않도록 예방), 활성화(털뿌리마다 활력이 저하되거나 멜라닌 세포 기능이 저하되지 않도록 털집 활성화 유지), 개선(머리털이 벗어진 피부 속 살아 있는 털뿌리 재생), 회복(흰머리를 검은 머리로 회복)에 도움을 주는 아침 운동으로 당일부터 확 달라지는 머릿결을 느낄 수 있다.

**(종일 빛나면 평생 빛난다, 해종일~한평생 빛나는
생생한 머릿결!)**

머리털 아침 운동

머리털 주인은 잠을 자면서 에너지를 충전한다. 반면 머리털은 주인과는 정반대로 주인이 잠든 시간에 털집(털뿌리, 멜라닌 세포)마다 활성화되면서 활력을 소모한다. 이에 따른 심각한 문제는 일상에서 받는 활력 충전량에 비해 취침 중 소모량이 많다는 점이다. 이유는 자연을 차단한 생활 동굴 속 열악한 털의 환경으로 털에 미치는 활력이 미약하기 때문이다.

이에 따라 인체의 성장기가 지나면서 허옇게 세는 증상과 탈모 증상의 전조가 활동하는 시간에 발생하고 취침 시간(털집이 들어 있는 해당 피부 경직과 맞물리며)에 심해지는 현상이 한평생 반복되며 증상(허옇고, 벗어지고)이 가속한다.

그러나 원시적인 거친 자연의 영향력에 준하는 머리털 운동(아침·저녁 활력 충전)으로 취침 중에 털집이 들어 있는 해당 피부가 경직되어도 털집(털뿌리, 멜라닌 세포) 활성화 유지로 머리털이 벗어지거나 허옇게 세는 증상은 옛날이야기

■ **머리털 아침 운동(기상 후)**

• 피부 속 털집(털뿌리)마다 미치는 영향력

상상 초월! 머리털 아침 운동 적용 후 머릿결의 변화

항 목	변화·개선	느끼는 시기
전조 예방	• 직업 등 일상 활동하는 시간에 발생하는 탈모 전조 증상과 흰머리 전조 증상 예방.	당일부터.
머릿결	• 해종일~한평생 빛나는 생생한 머릿결.	당일부터.
붙어 있고 뒹구는 털	㉮집 안 ㉯자동차 ㉰직장 등 생활 공간에 붙어 있거나 뒹구는 휴지기 머리털 해종일(0~1) 없음.	2주부터.
아침·저녁 운동 과정을 제대로 매일 적용한 경우.		

■ **머리털 아침 운동(적합한 대상자 & 적절한 타이밍)**

• 흰머리 및 탈모 여부 관계없음 까까머리~머리채.

• 남녀 공통(고등학생 이상) 낮이든 밤이든 잠자리에서 일어나는 기상 후.

• 아버지의 머리털이 많이 벗어진 경우 고등학교(성장기 지나기 전) 시절부터.

■ **머리털 아침 운동 주의할 분**

• 모발 이식한 분(전문의 상담 후 결정하세요).

✄ 기상천외 머리털 아침 운동 혁명 필수 코스

- 아침 운동(공통 필수 주요 과정)

  ○ 긴 머리 코스(3cm~머리채)

     (1단계 살결로 운동)

     (2단계 모아 운동)

     (3단계 윗머리 피부 운동)

     (4단계 탈탈 털고 동작)

  ○ 짧은 머리 코스(3cm 미만)

     (1단계 살결로 운동)

     (2단계 두피 비비高 운동)

     (3단계 윗머리 운동·윗머리 피부 운동)

- 초심 머리털 아침 운동 시작 전에 운동 과정을 이해하십시오.
  아침 운동 설명 과정을 처음부터 끝까지 자세히 읽어 보시고
  ①단계별 운동 방법. ②본인의 머리털 길이에 적합한 운동 방
  법 등을 숙지한 다음 운동을 시작하시고 세상을 떠나는 날까
  지 매일매일 소중한 '머리털 아침 운동' 초심을 잃지 마십시오.

✄ 머리털 아침 운동 시간대·소요 시간·준비물

- 아침 운동

  낮이든 밤이든(기상 후)

- 소요 시간 약 2분~

- 준비물

롤 빗 or 빗살이 촘촘한 빗·머리빗·거울·돗자리·매표 해면기 등.

✧ 머리털 사랑 운동 시간은 자유롭게!

아침 운동 시간이 부족한 분은 학교(직장, 자동차 등)에서 휴식 시간(오전 중)에 틈틈이 자유롭게 운동하세요.

■ 머리털 아침 운동 시작(긴 머리 코스)

• 머리털의 길이 3cm~머리채

  3cm 이상 정수리에서 머리털을 한 손에 움켜쥘 수 있는 정도 이상 길이의 머리

– 1단계 운동(생생하게, 풍성하게, 빛나는 머릿결 살결로 운동)

• 영향력 효과

  ○ 흰머리·탈모 전조 증상 원천 차단.

  ○ 해종일 생생한 머릿결 유지.

  ○ 머리카락이 벗어진 피부 속 살아 있는 털뿌리 재생.

  ○ 흰머리 회복.

  ○ 숱진 머릿결로 개선.

  ○ 두피 이완 및 마사지.

• 운동 준비(아침 운동)

  돗자리나 떨어진 머리털을 관찰할 수 있는 바닥 앞에 머리를 약간 수그리고 손가락빗(or 머리빗)으로 헝클어진 머리털을 다

듬은 자세.

살결로 운동 피부 속 털집(털뿌리)마다 미치는 영향력

(자동 심장 충격기 정도)

- 운동 방법(건강하게 빛나는 머릿결, 살결로 동작) 고개를 수그리고 (한 손)

  고개를 숙인 채 롤 빗 or 빗살이 촘촘한 빗으로 옆머리·앞머리·뒷머리·윗머리 등 빗살로 두피 살갗 결을 자극하며 역방향으로 빗는 동작을 5차례 반복한다(살결로 요령 참고).

  (차례 운동 요령에 따라 두피 전체 피부 속 털집을 샅샅이 한 번 자극하면 1차례, 5차례 반복)

- 운동 주의 및 참고

  ○ 처음 1주일 동안은 두피 적응력 기간으로 살갗 결을 따라 역방향으로 약하게 빗는 동작을 하시고 두피가 적응하는 2주부터는 피부 속 털집(털뿌리)마디 활력을 충전하도록 강하게 빗는 동작을 하십시오.

  ○ 빗살 봉이 있는 빗, 없는 빗 관계없이 두피를 강하게 자극하되 두피에 상처가 나지 않게 운동하십시오.

  ○ 풍성한 머리채 경우 빗살이 참빗처럼 촘촘한 빗을 사용할 때는 머리털에 손상(정전기·끊어짐 등)이 발생하지 않도록 주의하십시오.

✂ 머리털 사랑 살결로 운동 요령

빗살로 두피 살갗 결을 따라 역방향으로 피부 속 털집(털뿌리)을 샅샅이 자극하는 방법이 요령입니다. ①귀 옆머리(여자), 구레나룻(남자)~윗머리까지 ②이마(머리털) 라인~앞머리~윗머리까지 ③목덜미(머리털) 라인~윗머리까지 두피 살갗 결을 따라 역방향으로 피부 속 털집을 자극하며 빗는 동작입니다. 윗머리 피부 속 털집까지 자극하며 빗는 동작이 중요합니다.

- 2단계 운동 방법 머리털에 강한 태풍을 쐬다 모아 운동
- 영향력 효과
  - 탈모 원천 예방.
  - 흰머리 원천 예방.
  - 머리숱 개선.
  - 흰머리 회복.

- 운동 준비(살결로 운동 다음 곧바로)
  돗자리나 떨어진 머리털을 관찰할 수 있는 바닥 앞에 머리를 수그린 자세.

- 운동 방법 1(모아 동작) 옆머리(양손 따로) 윗머리 부분에서(한 손) 양손을 펴고 각각 옆머리 부분에서 윗머리까지 손가락빗으로 두피를 강하게 문지르며 머리털을 쓸어내려 정수리에서 윗머리와 한 손에 모아 움켜쥐고 털뿌리가 따끔따끔하도록 3차례 강

하게 툭툭 당겨 준다.

모아 운동이 피부 속 털집(털뿌리)마다 미치는 영향력

(묶지 않은 머리털에 태풍을 쐬는 강한 정도)

- 운동 방법 2(모아 동작) 이마(머리털)와 목덜미(머리털) 라인(양손) 윗머리(한 손)

  양손을 펴고 오른쪽 손가락빗은 이마(머리털) 라인에서 윗머리까지 왼쪽 손가락빗은 목덜미(머리털) 라인에서 윗머리까지 각각 손가락빗으로 두피를 강하게 문지르며 머리털을 쓸어내려 정수리에서 윗머리와 한 손에 모아 움켜쥐고 털뿌리가 따끔따끔하도록 3차례 강하게 툭툭 당겨 준다.

  (차례 모아 동작 1, 2를 한 번 적용하면 1차례, 3차례 반복)

- 운동 요령

  ○ 손가락빗으로 머리털을 쓸어내리면 머리털이 손가락과 엉켜서 불편한 분은 손바닥으로 두피를 강하게 문지르며 쓸어내리는 동작으로 운동하십시오.

  ○ 머리털이 짧아 윗머리에서 한 손에 모아 움켜쥘 수 없는 분은 짧은 머리 코스로 운동하십시오.

- 3단계 운동 방법(무성한 윗머리에 눈이 휘둥그레지다 윗머리 피부 운동)

- 영향력 효과

  ○ 윗머리 벗어짐 원천 예방.

  ○ 윗머리 머리숱 개선.

  ○ 흰머리 원천 예방.

  ○ 경직된 윗머리 피부 이완.

  ○ 흰머리 회복.

  ○ 탈모 증상 개선.

  ○ 머리채 효과 등.

  머리털 길이 단발머리~머리채: 윗머리 운동, 윗머리 피부 운동
  은 생략합니다.

- 운동 준비(모아 운동 다음 곧바로)

  돗자리나 떨어진 머리털을 관찰할 수 있는 바닥 앞.

- 운동 방법(윗머리 피부 운동 동작) 윗머리 부위에서(양손)

  양손을 펴서 깍지를 낀 채 윗머리에 얹어 윗머리 피부가 좌우
  로 많이 움직이도록 힘을 주고 좌우(⇔)로 30차례 윗머리 피부
  운동한다.

  (차례 윗머리에서 힘을 주고 좌우로 한 번 움직이면 1차례, 30차례
  반복)

- 운동 요령

  ○ 처음 윗머리 피부 운동하면 오랫동안 경직된 윗머리 피부가

잘 움직이지 않는 분이 있습니다. 처음부터 온 힘을 다해 움직이려고 무리하지 마십시오. 1~2일 정도 지나면 피부(이완 효과)가 좌우로 잘 움직입니다.

손바닥이 건조해서 피부 운동이 불편하시면 매표 해면기의 물기를 손바닥에 약간 묻히고 운동하십시오.

✡ 기상천외한 윗머리 운동으로 무성한 윗머리에 부라리다!

윗머리 운동은 머리털 아침·저녁 운동의 일부 과정이다.

○ 머리채의 풍성한 윗머리.

○ 매일 머리에 무거운 물건을 20차례 반복해서 이고 다니는 어머니의 풍성한 윗머리.

○ 매일 머리로 20차례 공을 받는 스포츠 선수의 풍성한 윗머리.

○ 매일 취침 중에 베개와 뒷머리가 문대며 풍성한 뒷머리 피부 속 털집(털뿌리)마다 미치는 정도의 강한 영향력이 있는 운동으로 윗머리 등 두피 이완은 물론 몸을 거꾸로 물구나 무서듯 윗머리를 베개와 문내면서 4시긴(이침 운동) or 8시간(저녁 운동) 동안 취침하는 효과가 있는 운동이다. 매일 손쉬운 윗머리 운동(아침, 저녁 운동)으로 윗머리 벗어짐 증상을 예방할 수 있다(단발머리~머리채는 생략).

– 4단계(머리칼마다 건강 충전·깔끔한 머릿결 탈탈 털고 동작) (양손)

• 영향력 효과 ⇒

○ 해종일 빛나는 생생한 머릿결 유지.

○ 휴지기 머리털 관리.

탈탈 털고 동작이 털뿌리(털싹)마다 미치는 영향력

(강한 바람을 머리털에게 정면으로 쐬는 정도)

* 운동 준비(윗머리 피부 운동 다음 곧바로)

돗자리나 떨어진 머리털을 관찰할 수 있는 바닥 앞에 머리를 약간 수그린 자세.

* 운동 방법(양손으로 탈탈 털고 마무리)

생활하는 공간(베개·이불·침대·옷·거실·집 안 구석구석·자동차·직장 등)에서 빠져 붙어 있거나 뒹구는 휴지기 머리털 하루 1가닥은 발견해도 2가닥 이상 발견하지 않도록 관리한다. 머리털 아침, 저녁 운동이 끝날 때마다 머리털과 옷에 붙어 있는 휴지기 머리털 깔끔하게 털어 내고 마무리하는 습관이 중요하다.

긴 머리털(3cm~머리채) 아침 운동 마무리!

■ **머리털 아침 운동 시작(짧은 머리 코스)**

* 머리털의 길이 까까머리~3cm 미만

(3cm 미만 정수리에서 머리털을 한 손에 움켜쥘 수 없는 정도의 짧은 머리)

* 운동 방법

까까머리 등 짧은 머리털 아침 운동 방법.

- 1단계 굵고 건강한 머리칼·왕성한 머리숱 살결로 운동

• 영향력 효과

    ○ 흰머리·탈모 전조 증상 원천 차단.

    ○ 해종일 왕성한 머리숱 유지.

    ○ 머리카락이 벗어진 피부 속 살아 있는 털뿌리 재생.

    ○ 흰머리 회복.

    ○ 숱진 머리로 개선.

    ○ 두피 이완 및 마사지.

• 운동 준비(아침 운동)

머리를 약간 수그린 자세.

살결로 운동 피부 속 털집(털뿌리)마다 미치는 영향력
(자동 심장 충격기 정도)

• 운동 방법 강성한 머리숱, 살결로 동작 고개를 수그리고(한 손 사용)

고개를 숙인 채 롤 빗 or 빗살이 촘촘한 빗으로 옆머리·앞머리·뒷머리·윗머리 등 빗살로 두피를 자극하며 빗는 동작을 5차례 반복한다(살갗 결을 따라 역방향으로 피부 속 털집을 자극하며 빗는 방법).

(차례 운동 요령에 따라 두피 전체 피부 속 털집을 샅샅이 한 번 자극하면 1차례, 5차례 반복)

- 운동 요령

  처음 1주일 동안은 두피 적응력 기간으로 약하게 자극하면서 빗는 동작으로 하시고 두피가 적응하는 2주부터는 두피 전체 살갗 결을 따라 피부 속 털집마다 활력을 충전하도록 역방향으로 강하게 빗는 동작으로 운동하십시오.

  긴 머리 코스 살결로 운동 요령을 참고하십시오.

- 2단계(살갗 결을 짓누르며 털집마다 활력 충전 두피 비비高 운동)

- 영향력 효과

  ○ 탈모 원천 예방.

  ○ 흰머리 원천 예방.

  ○ 머리숱 개선.

  ○ 머리카락이 벗어진 피부 속 살아 있는 털뿌리 재생.

  ○ 흰머리 회복.

- 운동 준비(살결로 운동 다음 곧바로)

- 운동 방법(두피 비비高 동작) 양손 사용 강하게

  양손을 펴고 손가락은 가위처럼 벌린 채로 각각 옆머리 부분의 머리를 감싼다. 공을 강하게 감싸듯이 손가락과 손바닥으로 옆머리를 강하게 감싸며 힘을 주고 오른손은 앞쪽이나 뒤쪽, 왼손은 오른손과 반대로 앞쪽이나 뒤쪽으로 살갗 결을 짓누르며 강하게 문지른다.

○ 시작(옆머리).

○ 반환점(양손이 닿는 귀 부분).

○ 원위치(시작점, 옆머리).

○ 다시 시작(옆머리 처음과 반대 방향으로).

○ 반환점(양손이 닿는 귀 부분).

○ 원위치(시작점, 옆머리).

여기까지 1차례, 연속으로 20차례 반복.

(차례 동작①~동작⑥까지 한 번 비비高 운동하면 1차례)

• 운동 요령

단순히 두피(피부)를 문지르는 방법이 아니고 피부 속 털집을
자극하는 방법이 요령입니다. 피부 속 털집(털뿌리)마다 강한 활
력이 미치도록 살갗 결을 짓누르며 강하게 문지르세요

두피 비비高 운동 피부 속 털집(털뿌리)마다 미치는 영향력

(벗어지거나 허옇게 세지 않는 액모가 3시간 동안 비비며

활력을 충전히는 정도)

− 3단계(왕성한 윗머리에 눈이 휘둥그레지다 윗머리 운동)

• 영향력 효과

○ 윗머리 벗어짐 원천 예방.

○ 윗머리 개선.

○ 윗머리 벗어진 피부 속 살아 있는 털뿌리 재생.

○ 경직된 윗머리 피부 이완.

○ 흰머리 회복.

○ 머리채 효과 등.

- 운동 준비(두피 비비高 운동 다음 곧바로)

- 운동 방법 1(윗머리 운동 동작) 윗머리 부위(한 손, 강하게)
한쪽 손을 펴고 매표 해면기 등으로 손바닥에 물기를 묻힌 다음 윗머리에 얹어 힘을 주고 원을 그리며 ①오른쪽으로 10차례 ②왼쪽으로 10차례 ③오른쪽으로 10차례 ④왼쪽으로 10차례 강하게 손바닥으로 윗머리를 짓누르며 문지른다.
(차례 원을 그리며 한 번 문지르면 1차례, 오른쪽, 왼쪽 각 20차례 총 40차례)

윗머리 피부 속 털집(털뿌리)마다 미치는 영향력.
(물구나무서듯 윗머리를 베개와 문대면서 8시간 정도 취침하는 효과)

- 운동 방법 2(윗머리 피부 운동 동작) 윗머리 부분(양손)
물기가 있는 양손을 펴고 손가락을 가위처럼 벌린 채 깍지 끼고 윗머리에 얹어 힘을 준다. 좌우(⇔)로 윗머리 피부 운동 30차례 적용한다.
(차례 윗머리에서 힘을 주고 좌우로 한 번 움직이면 1차례, 30차례 반복)

짧은 머리털(3cm 미만) 아침 운동 마무리!

✧ point 머리털 길이가 길어지면 더 효율적인 아침 운동으로!

머리털의 길이가 3cm 이상 길어지면 윗머리에서 머리털을 한 손에 모아 움켜쥐고 강하게 당겨 주는 모아 동작 과정이 포함된 긴 머리 아침 운동 과정으로 바꿔서 머리털 운동하는 방법이 피부 속 털집(털뿌리)마다 강한 활력 충전으로 흰머리, 탈모 예방은 물론 풍성한 머릿결 유지에 더욱 도움이 되는 방법이다.

머리털 아침 운동 언제까지? 세상을 떠나는 날까지.

■ 매일 진행되는 머리카락의 세대교체

사람마다 머리숱이 많고, 적음에 따라 하루 빠지는 모든 휴지기 머리털 중에서 머리털 저녁 운동 시간에 60%(25~36가닥 정도) 머리 감는 시간에 20%(7~15가닥 정도) 머리털 아침 운동 시간에 20%(7~15가닥 정도) 빠져 정리됩니다. 그러나 생전 처음 하는 아침 운동 첫날은 20% 의미가 없을 정도로 많이 빠져 정리되고 처음 1주일은 1~2가닥 더 빠집니다. 아침 운동 시작하고 2주 후부터 빠지는 평균 휴지기 머리카락이 본인의 아침 운동 시간에 빠지는 20%에 해당하는 휴지기 머리카락입니다(단 메마른 털뿌리가 붙어 있는 휴지기 머리털 기준입니다. 털뿌리가 붙어 있지 않고 끊어진 머리털은 휴지기 머리털 수효에 넣지 않습니다).

• 아침 운동 방법에 제대로 빠르게 숙달이 되려면 한 달 정도 실습이 필요합니다.

머리털(손빗) 운동

저녁 운동 예방 및 개선(1) 과정

흰머리·탈모 원천 예방 및 염색 불요 운동
(이마~앞머리 벗어짐 원천 예방: 5단계)
(윗머리 벗어짐 원천 예방: 4단계)

■ 머리털(손빗) 운동

머리털 길이 3cm~머리채에 적합한 머리털 저녁 운동의 명칭으로 취침 중 털뿌리 활력 저하, 멜라닌 세포 기능 저하로 발생하는 탈모 및 흰머리 원천 예방은 물론 머리숱을 풍성하게 개선하고 유지하는 운동.
(인류 남녀 공통·고등학생 이상)

✧ 머리털(손빗) 운동으로 탈모·흰머리 예방률(한평생)

○ 탈모 증상 예방 100%
○ 흰머리 증상 예방 98%~

○ 머리숱 개선 100%

○ 이마 벗어짐·흰머리 예방 100%

○ 앞머리 벗어짐·흰머리 예방 100%

만에 하나 새치, 검은 머리로 (7단계 참고)

아침, 저녁 운동 과정을 매일 제대로 적용한 경우.

✧ 머리털 사랑 탈모·흰머리 손쉬운(이대로 멈춰라+α) 운동, 개선(1) 과정

- 탈모 증상: 있지만 이대로 멈췄으면 하는 분

- 흰머리: 있거나, 많고, 백발이지만 탈모 증상이 없었으면 하는 분

탈모 증상이 있지만, 흰머리가 있거나 백발이지만 흰머리 운동(개선) 과정 및 시간 등이 어렵고 불편한 분에게 손쉬운 머리털(손빗, 집게) 예방 운동을 차선책으로 권장합니다.

○ 탈모 증상을 이대로 멈추고 더 이상 진행되지 않습니다.

○ 흰머리 발생을 이대로 멈추고 더 이상 발생하지 않습니다.

다만 탈모 증상 개선율이나 흰머리 회복률은 흰머리 운동에 비해 낮습니다. 하지만 탈모, 흰머리 증상 모두 운동 전에 육안으로 관찰할 수 있는 상태보다 30%~ 정도 개선하고, 회복할 수 있습니다. 양편 과정을 숙독하시고 결심이 서면, 운동 시작 전에 머리를 촬영하고 시작하십시오.

(상상 그 이상, 탈모 예방은 물론, 흰머리 원천 예방이 요점!)

머리털(손빗) 운동

문명 인류의 특징은 가정(집), 직장, 자동차 등 자연환경을 차단한 채 생활 동굴 속에서 생활하고 근무하며 살고 있습니다. 인체는 갈수록 건강하게 적응하지만 원시적인 거친 자연환경 영향력에 적합한 몸털은 적응하지 못하고 인체의 성장기를 지나면서 탈모 및 허옇게 세는 증상이 발생할 수밖에 없어 몸털에게는 열악한 환경입니다. 머리털(손빗) 운동은 직업(직장, 모자, 헬멧 착용 근무 등)과 일상생활(가정, 자동차, 두건 착용 등)로 자연이 차단된 몸털의 열악한 환경을 원시생활 거친 자연환경의 영향력처럼 개선하고 유지하는 과정을 통해 한평생 벗어지지 않고(털뿌리 활력 유지) 흰머리가 발생하지 않는(멜라닌 세포 기능 유지) 생생하고 풍성한 머릿결을 유지할 수 있도록 설계하였습니다.

- **머리털(손빗) 운동(취침 전 머리털 저녁 운동)**
- 피부 속 털집(털뿌리)마다 미치는 영향력

  상상 초월! 머리털(손빗) 운동 적용 후 머릿결의 변화

항 목	변화·개선	느끼는 시기
증상 유무	① 벗어지는 머리털 없음(한평생). ② 흰머리 발생 없음(염색 불요) 한평생. ③ 윗머리 벗어짐 없음(한평생). ④ 이마·앞머리 벗어짐 없음(한평생).	2주부터.
머리숱	갈수록 풍성한 머릿결로 개선 및 유지됨.	3개월부터.
붙어 있고 뒹구는 털	㉮ 집 안. ㉯ 자동차. ㉰ 직장 등 생활 공간에 붙어 있고 뒹구는 휴지기 머리털(0~1) 없음.	2주부터.
아침·저녁 운동 과정을 제대로 매일 적용한 경우.		

- **머리털(손빗) 운동(적합한 대상자 & 적절한 타이밍)**

- 머리털의 길이 3cm~머리채(남녀 공통).

- 탈모·흰머리 증상 없는 분(고등학생 이상).

- 흰머리 운동을 통해 탈모 개선 및 흰머리가 검은 머리로 회복된 분.

- 아버지의 머리털이 많이 벗어진 경우 고등학교(성장기 지나기 전) 시절부터.

- 흰머리 있어도 흰머리 운동 등을 통해 탈모 증상에서 완전하게 벗어난 분.

- 탈모, 흰머리가 있어도 손쉬운(이대로 멈춰라+α) 운동을 원하는 분.

- 낮이든 밤이든 잠자리에 드는 취침 전(or 정오~저녁 시간대).

■ 머리털(손빗) 운동 주의할 분

• 모발 이식한 분(전문의 상담 후 결정하세요).

✰ 기상천외 머리털(손빗) 운동 혁명 필수 코스

• 머리털 아침 운동(공통 필수 과정)

• 머리털(손빗) 저녁 운동(주요 과정)

  ○ (1단계 손빗 터치)

  ○ (2단계 모아 운동)

  ○ (3단계 탈탈 털고 동작)

  ○ (4단계 풍성한 윗머리 만들기 윗머리 운동)

  ○ (5단계 예쁜 이마와 풍성한 앞머리 만들기, 얼굴·머리털 라인 벗

  어짐과 흰머리 원천 예방, 고정 비비高 운동)

  ○ (6단계 숱지다 비비高 운동)

  ○ (7단계 운동 중에 만에 하나 새치가 발생한 경우 새치를 검은 머

  리로 회복하는 방법, 새치 고정 비비高 운동)

건강한 100년 머릿결 사랑, 머리 감는 좋은 습관(비비高 100~130)
대상자

• 초심 머리털(손빗) 운동 시작 전에 운동 과정을 이해하십시오.
설명 과정을 처음부터 끝까지 자세히 읽어 보시고 단계별 운동
방법, 주의, 요령 등을 숙지한 다음 운동을 시작하시고 세상을
떠나는 날까지 매일매일 소중한 머리털(손빗) 운동 초심을 잃지
마십시오.

✿ **머리털 사랑 벗어지고, 허옇게 세고 원천 예방이 털의 혁명!**

양치하듯이, 세수하듯이 머리털 아침·저녁 운동을 단계별 규정에 따라 매일 적용하면 모발이식 전문가, 탈모 전문가, 염색 전문가, 가발 전문가보다는 머리숱을 솎아 주는 전문가를 찾게 될 것입니다. 머리털 운동을 시작하면서 탈모 증상 원천 예방은 물론 흰머리도 많이 발생하지 않기 때문입니다. 만약 머리털 운동 도중에 새치가 발생하면 검은 그대로(7단계 운동) 원상회복하거나 당신의 철학에 따라 관리해도 문제없습니다.

다만 당신은 반드시 명심해야 합니다. 예방 편, 머리털 운동은 ① 이마 벗어짐. ②앞머리 벗어짐. ③윗머리 벗어짐. ④새치 발생. ⑤탈모 증상 등이 시작되지 않은 시절부터 매일 습관처럼 운동해야 한 평생 검게 빛나는 풍성한 이미지를 유지합니다.

특히 흰머리 발생이 시작된 다음에는 온갖 방법을 적용해도 흰머리 발생이 없던 이전 모습으로 되돌아가는 것은 사람마다(①흰머리마다 멜라닌 세포의 노화 상태 ②흰머리 수효 ③머리털 길이 ④털집의 위치 및 깊이 등에 따라 검은 머리로 100% 원상회복이 어려움) 부분적이며 기간도 길고 힘듭니다.

✿ **머리털(손빗) 운동 시간대·소요 시간·준비물**
- 저녁 운동 정오~저녁 시간대(머리 감기 병행)
- 소요 시간(5단계 제외). 약 15분~
- 준비물 돗자리·머리빗·거울·매표 해면기·비누·샴푸·물수건 등.

✧ 머리털 사랑 운동 시간은 자유롭게!

운동 시간이 부족한 분은 학교(직장, 자동차 등)에서 휴식 시간에 틈틈이 정오부터 저녁 시간대에 자유롭게 운동하세요. 다만 물이 필요한 윗머리 운동과 숱지다 비비高 운동은 아침, 저녁 관계없이 머리 감는 시간에 운동하십시오.

– 1단계 운동 방법(건강하게 빛나는 머릿결 손빗 터치)

• 영향력 효과

  ○ 탈모 원천 예방.

  ○ 흰머리 원천 예방.

  ○ 머리숱 개선.

  ○ 흰머리 회복.

• 운동 준비

돗자리나 떨어진 머리털을 관찰할 수 있는 바닥 앞에 머리를 약간 수그린 채, 양손을 펴고 손가락빗 자세.

• 운동 방법

양손을 펴고 손가락빗으로 각각 옆머리 아랫부분에서 윗머리까지 3차례 나누어 터치하고 이마 라인(머리털)에서 윗머리까지 2차례 나누어 터치하며 목덜미 머리털 부분에서 윗머리까지 3차례 나누어 터치한다.

- 동작 1(손빗 터치 동작) 옆머리 아랫부분에서 시작(양손 따로)

  옆머리 아랫부분에서 각각 양 손가락빗으로 머리털을 집어넣자마자 움켜쥐고 털뿌리가 따끔하도록 강하게 역방향(정수리)으로 당겼다가 놓는다.

> 손빗 터치 피부 속 털집(털뿌리)마다 미치는 영향력.
> (태풍급 비바람, 눈바람을 3시간 동안 머리털에 쐬는 강한 정도)

- 동작 2(손빗 터치 동작) 옆머리 중간(옆머리 아랫부분~윗머리 중간) (양손 따로)

  옆머리 아랫부분에서 양 손가락빗으로 두피를 강하게 문지르며 머리털을 쓸어내려 중간 부분(옆머리 아랫부분과 윗머리 중간)에서 멈추는 동시에 머리털을 움켜쥐고 털뿌리가 따끔하도록 강하게 역방향(윗머리)으로 당겼다가 놓는다.

- 동작 3(손빗 터치 동작) 옆머리~윗머리(양손 따로)

  옆머리 아랫부분에서 양 손가락빗으로 두피를 강하게 문지르며 머리털을 쓸어내려 정수리에서 멈추는 동시에 머리털을 움켜쥐고 털뿌리가 따끔하도록 강하게 당겼다가 놓는다.

✄ 머리털 사랑 머리털 커트 스타일에 따른 손빗 터치 요령

손빗 터치는 동작 1~동작 8까지 3번 반복합니다. 그러나 각자 개성에 따라 머리털 커트 스타일 모습이 다를 수 있습니다. 머리털 커트 상태에 따라 옆머리에서 윗머리까지 2번, 이마 머리털 부분에서

윗머리까지 2번, 목덜미 머리털 부분에서 윗머리까지 2번 나누어 손
빗 터치할 수 있습니다(총 6번 터치를 3번 반복). 또한 귀두 머리 스타
일로 커트하신 분 경우 옆머리에서 윗머리까지 1번, 이마 머리털 부
분에서 윗머리까지 1번, 목덜미 머리털 부분에서 윗머리까지 1번씩
손빗 터치할 수도 있습니다(총 3번 터치를 3번 반복).

- 동작 4(손빗 터치 동작) 이마 머리털 라인 부분(양손 같이)
  양손으로 이마 머리털 라인에서 양 손가락빗으로 머리털을 집
  어넣자마자 움켜쥐고 털뿌리가 따끔하도록 강하게 역방향(정수
  리)으로 당겼다가 놓는다.

- 동작 5(손빗 터치 동작) 이마 머리털 라인~윗머리 부분(양손 같이)
  양손으로 이마 머리털 라인에서 양 손가락빗으로 두피를 강하
  게 문지르며 머리털을 쓸어내려 정수리에서 멈추는 동시에 머리
  털을 움켜쥐고 털뿌리가 따끔하도록 강하게 당겼다가 놓는다.

- 동작 6(손빗 터치 동작) 목덜미 머리털 부분(양손 같이)
  양손으로 목덜미 머리털 라인에서 양 손가락빗으로 머리털을
  집어넣자마자 움켜쥐고 털뿌리가 따끔하도록 강하게 역방향(정
  수리)으로 당겼다가 놓는다.

- 동작 7(손빗 터치 동작) 뒷머리(목덜미 머리털 라인~윗머리) 중간
  (양손 같이)

양손으로 목덜미 머리털 라인에서 양 손가락빗으로 두피를 강하게 문지르며 머리털을 쓸어내려 중간 부분(목덜미 머리털 라인 ~윗머리 중간)에서 멈추는 동시에 머리털을 움켜쥐고 털뿌리가 따끔하도록 강하게 역방향(윗머리)으로 당겼다가 놓는다.

• 동작 8(손빗 터치 동작) 목덜미 머리털 라인~윗머리 부분(양손 같이) 양손으로 목덜미 머리털 라인에서 양 손가락빗으로 두피를 강하게 문지르며 머리털을 쓸어내려 정수리에서 멈추는 동시에 머리털을 움켜쥐고 털뿌리가 따끔하도록 강하게 당겼다가 놓는다. (차례 손빗 터치 동작 1~동작 8까지 제대로 한 번 적용하면 1차례, 3차례 반복)

− 2단계 운동 방법(머리털에 강한 태풍을 쐬다 모아 운동)
• 영향력 효과
  ○ 탈모 원천 예방
  ○ 흰머리 원천 예방
  ○ 머리숱 개선
  ○ 흰머리 회복.

• 운동 준비
  돗자리나 떨어진 머리털을 관찰할 수 있는 바닥 앞에 머리를 약간 수그린 자세.

- 운동 방법 1(모아 동작) 옆머리 부분(양손 따로)~윗머리 부분(한 손)

  양손을 펴고 옆머리 아랫부분에서 윗머리까지 각각 손가락빗으로 두피를 강하게 문지르며 머리털을 쓸어내려 정수리에서 윗머리와 한 손에 모아 움켜쥐고 털뿌리가 따끔따끔하도록 강하게 툭툭 3차례 당겨 준다.

> 모아 동작이 피부 속 털집(털뿌리)마다 미치는 영향력.
>
> (머리털에 강한 태풍을 쐬는 정도)

- 운동 방법 2(모아 동작) 이마(머리털)와 목덜미(머리털) 라인(양손)~윗머리(한 손)

  양손을 펴서 오른쪽 손가락빗은 이마(머리털) 라인에서 왼쪽 손가락빗은 목덜미(머리털) 라인에서 윗머리까지 두피를 강하게 문지르며 머리털을 쓸어내려 정수리에서 윗머리와 한 손에 모아 움켜쥐고 털뿌리가 따끔따끔하도록 강하게 툭툭 3차례 당겨 준다.

  모아 동작 1~동작 2를 3차례 빠르게 반복한다.

  (차례 모아 동작 1~동작 2를 한 번 제대로 적용하면 1차례, 3차례 반복)

- 운동 주의

  손가락빗으로 머리털을 쓸어내리면 머리털이 손가락과 엉켜서 불편한 분은 손바닥으로 두피를 강하게 문지르며 쓸어내리는 동작으로 운동하십시오.

– 3단계(머리칼마다 건강 충전, 깔끔한 머릿결 탈탈 털고) (양손)

• 영향력 효과

　○ 빛나는 생생한 머릿결 유지.

　○ 휴지기 머리털 관리.

• 운동 준비(모아 운동 다음 곧바로)

돗자리나 떨어진 머리털을 관찰할 수 있는 바닥 앞에 머리를 약간 수그린 자세.

> 탈탈 털고 동작이 털뿌리(털싹)마다 미치는 영향력.
> (강한 바람을 머리털에게 정면으로 쐬는 정도)

• 운동 방법(탈탈 털고, 깔끔히 동작)

윗머리에 물을 묻히는 윗머리 운동 전에 고개 숙이고 빠져서 머리털과 옷에 붙어 있는 휴지기 머리털 20차례 이상 탈탈 털어 낸다.

– 4단계(무성한 윗머리에 눈이 휘둥그레지다 윗머리 운동)

• 영향력 효과

　○ 윗머리 벗어짐 원천 예방.

　○ 윗머리 머리숱 개선.

　○ 윗머리의 흰머리 발생 원천 예방.

　○ 경직된 윗머리 피부 이완 효과.

　○ 흰머리 회복.

○ 탈모 증상 개선.

○ 머리채 효과 등.

단발머리~머리채: 윗머리 운동, 윗머리 피부 운동 생략.

• 운동 준비

돗자리나 떨어진 머리털을 관찰할 수 있는 바닥 앞.

• 머리털 보호 방법(윗머리 비비高 운동 시작 전, 물기로 윗머리 축이기)

머리털이 건조한 상태서 바로 비비高 운동하면 머리털이 끊어지는 현상이 있을 수 있습니다. 윗머리 비비高 운동 전에 윗머리에 물수건, 매표 해면기 등으로 윗머리를 축인 다음 비비高 운동하십시오. 윗머리를 축이면 머리털이 부드러워 강한 비비高 운동 과정에서 끊어지는 머리털이 발생하지 않습니다.

윗머리를 보호하기 위해 윗머리 피부까지 충분히 물기를 묻히세요.

• 운동 방법 1(윗머리 운동 동작) 윗머리 부위(한 손, 강하게)

한쪽 손을 펴서 윗머리에 얹어 힘을 주고 원을 그리며

○ 오른쪽으로 10차례

○ 왼쪽으로 10차례

○ 오른쪽으로 10차례

○ 왼쪽으로 10차례 손바닥으로 윗머리를 강하게 짓누르며 문지른다.

(차례 원을 그리며 한 번 문지르면 1차례, 오른쪽, 왼쪽 각 20차례
총 40차례)

• 운동 주의 총 40차례를 초과하면 끊어지는 머리털이 발생할 수
있습니다.

피부 속 털집(털뿌리)마다 미치는 영향력(머리털 아침 운동 참고)
(물구나무서듯 윗머리를 베개와 문대면서 8시간 정도 취침하는 효과)

• 운동 방법 2(윗머리 피부 운동 동작) 윗머리 부분(양손)
양손을 펴서 깍지를 끼고 윗머리에 얹어 윗머리 피부 운동이
되도록 힘을 주고 좌우(⇔)로 30차례 윗머리 피부 운동한다(윗
머리 두피가 움직이도록 강하게 누르고 운동).
(차례 윗머리에서 힘을 주고 좌우로 한 번 움직이면 1차례, 30차례
반복)

- 5단계(이마·앞머리가 벗어지거나 흰머리 증상은 옛날이야기 고정 비
비高 운동)

• 예쁜 이마와 풍성한 앞머리 만들기 얼굴(머리털) 라인 고정 비비
高 운동
성장기가 지나자마자 가장 먼저 가장 심하게 발생하는 얼굴(머
리털) 라인의 벗어짐 및 나이가 들면서 발생하는 흰머리 원천
예방의 비법.

- 영향력 효과
  - 탈모 원천 예방.
  - 흰머리 원천 예방.
  - 앞머리 풍성하게 개선.
  - 이마 벗어짐 원천 예방.
  - 흰머리 회복.
  - 탈모 증상 개선 등.

- 운동 준비(거울 앞) 양손

✧ 예쁜 이마와 풍성한 앞머리 만들기 얼굴(머리털) 라인 고정 비비高의 신비!

고정 비비高를 적용하고 6개월이 지나면 당신 이마의 놀라운 변화가 시작됩니다. 머리숱이 많아지고 앞머리까지 풍성한 상태가 됩니다. 고정 비비高의 영향이 앞머리까지 움직이며 털집(털뿌리, 멜라닌 세포)마다 활력이 미치기 때문입니다. 당신은 이마가 좁아지면 어쩌나? 고민하기 시작할 것입니다. 이마(머리털) 라인에 털싹이 우후죽순 돋아나기 때문입니다. 이마(머리털) 라인에 살아 있는 털뿌리가 돋아나는 현상입니다. 머리털이 너무 많이 돋아나 이마 부분이 좁아지는 것을 걱정하는 당신이라면 이마(머리털) 라인을 예쁘게 살리는 이마 왁싱, 레이저 제모, 뽑기 등으로 관리하시면 됩니다. 다만 뽑기 경우 이마가 단단하여 털뿌리가 깔끔하게 뽑히지 않고 남아 있어서 가는 머리가 돋아나는 경우가 있으나 2~3차례 뽑으며 관리하면 사라집니다.

- 운동 방법 1 이마(머리털) 라인

이마(머리털) 라인을 2부분으로 나누어 양손을 사용한다. ①양손 검지손가락, 가운뎃손가락, 약지손가락으로 각각 이마(머리털) 라인 중앙을 기준으로 오른쪽 1, 왼쪽 1 부분을 누른 상태서 아래⇔위로 왕복하며 100차례, 이마와 앞머리가 많이 움직이도록 강하게 문지른다. ②양손 검지손가락, 가운뎃손가락, 약지손가락으로 각각 오른쪽 2, 왼쪽 2 부분을 강하게 누른 상태서 아래⇔위로 왕복하며 100차례, 이마와 앞머리가 많이 움직이도록 강하게 문지른다.

한번에 강하게 100차례가 힘든 경우 50차례씩 2번 나누어 운동하십시오.

✿ **이마 사랑 아버지의 이마(앞머리)가 많이 벗어진 분(중요)**

  ○ 앞머리 숱이 적은 분

  ○ 이마가 갈수록 벗어지는(넓어지는) 느낌이 있는 분

  ○ 아버지의 이마(앞머리)가 많이 벗어진 분

  ○ 개선(1) 과정(이대로 멈춰라+α)에 해당하는 분

  ○ 이마(머리털) 라인에 자라는 어린 머리털이 보이지 않는 등 이마 벗어짐 전조 증상이 있는 분은 부분마다 200차례씩 강하게 문지르며 운동하십시오.

- 주목: 위 사항에 해당하는 분 경우 하루 200차례 이상 운동하십시오. 한번에 200차례 운동은 힘들고 털집(털뿌리)에 미치는

활력도 약합니다. 100차례씩 2번 나누어 운동하거나 오전에 100차례, 오후에 100차례 나누어 운동(or 하루 중 시간 날 때마다 수시로 200차례 이상)하십시오. 설명에 따라 이마와 앞머리가 움직이도록 강하게 운동하십시오(하루 200차례 이상 이마 ~앞머리 벗어짐과 흰머리, 원천 예방).

하루 200차례씩 운동 기간 벗어짐 전조 증상이 소멸하고 개선이 뚜렷해지는 1년(12개월 필수) 동안 운동한 다음 13개월부터 하루 100차례씩 운동하십시오.

- 운동 방법 2(여자) 이마 옆머리 부분~귀 옆머리 부분

  왼쪽, 오른쪽 각각 이마 옆머리(크기에 따라 1~2부분), 귀 옆머리(크기에 따라 1~2부분) 머리털 라인을 부분마다 양손 가운뎃손가락으로 왼쪽 오른쪽 각각 강하게 세로로 누른 상태서 양손 검지손가락으로 가운뎃손가락을 각각 누른 채 아래⇔위로 왕복하며 60차례씩 강하게 이마 옆머리, 귀 옆머리 부분이 많이 움직이도록 문지른다.

- 운동 방법 2(남자) 이마 옆머리 부분~구레나룻 부분

  왼쪽, 오른쪽 각각 이마 옆머리(크기에 따라 1~2부분), 귀 옆머리(크기에 따라 1~2부분), 구레나룻(크기에 따라 1~4부분) 머리털 라인을 부분마다 양손 가운뎃손가락으로 왼쪽 오른쪽 각각 강하게 세로로 누른 상태서 양손 검지손가락으로 가운뎃손가락을 각각 누른 채 아래⇔위로 왕복하며 60차례씩 강하게 이

마 옆머리, 귀 옆머리, 구레나룻 부분이 많이 움직이도록 문지른다.

(차례 위로⇔아래로 강하게 왕복으로 한 번 문지르면 1차례, 부분마다 60차례씩)

<table>
<tr><td>얼굴(머리털) 라인 고정 비비高 운동이 피부 속 털집(털뿌리)마다
미치는 영향력 (자동 심장 충격기 정도)</td></tr>
</table>

- 운동 요령
  - 부분마다 누른 손가락은 움직이지 않고 피부는 많이 움직일수록 좋습니다.
  - 얼굴(머리털) 라인을 누른 손가락이 미끄러워 강한 운동이 어려운 경우는 매표 해면기로 손가락에 물기를 약간 묻히거나 절단한 소형 고무장갑(손가락 부분) or 고무 골무를 착용하면 미끄럽지 않고 강한 비비高 운동이 가능합니다.
  - 피부 적응을 위해 처음 2주일은 다소 약하게 적용하시고 피부가 적응하는 3주부터는 활력이 털집마다 미치도록 강하게 운동하십시오.

- 운동 주의
  고무장갑 손가락 부분이나 고무 골무를 착용하고 운동할 경우 손가락을 부분마다 고정하고 힘주어 움직이지 않는 상태서 피부만 움직이며 운동하십시오. 머리털에 고정된 손가락을 움직이면서 운동하면 고무와 마찰로 인해 끊어지는 머리털이 발생할 수도 있습니다.

- 6단계(탈모·흰머리 예방은 물론 머리숱 개선·머리 감기까지 숱지다
비비高 운동)
머리 감을 때 이왕이면 '일거다득' 숱지다 비비高 운동으로 습
관화하세요.
- 영향력 효과
  ○ 탈모 원천 예방.
  ○ 흰머리 원천 예방.
  ○ 생생한 머릿결 유지.
  ○ 머리숱 개선.
  ○ 두피 이완 및 마사지 효과.
  ○ 흰머리 회복.
  ○ 탈모 증상 개선 등.

- 운동 준비
머리 감을 때처럼 머리털을 물에 완전히 적시고 비누나 샴푸로
머리 전체를 골고루 도포한 자세.

숱지다 비비高 운동 피부 속 털집(털뿌리)마다 미치는 영향력

(벗어지거나 허옇게 세지 않는 액모가 10시간 이상 비비며

활력을 충전하는 정도)

- 운동 방법(숱지다 비비高 운동) 옆머리 부분에서 시작(양손)

  아랫부분(1~20) 나누기를 참고하여 양손을 펴고 열 손가락을 사용해서 윗머리를 포함한 머리털 부분마다 골고루 100차례씩 피부 속 털집(털뿌리)마다 손길(활력)이 미치도록 문지른다. 부분마다 한 가닥도 소외되지 않도록 위로⇔아래로(윗머리 방향) 힘을 주면서 왕복으로 샅샅이 비비高 운동(문지르기)을 하십시오. (차례 부분마다 강하게 왕복으로 한 번 문지르면 1차례, 100차례씩 반복)

- 운동 주목

  ○ 머리숱이 적은 분

  ○ 아버지의 머리털이 많이 벗어진 분

  ○ 개선(1) 과정(이대로 멈춰라+α)에 해당하는 분은 부분마다 130차례씩 운동(문지르기)하십시오.

  ○ 하루 130차례씩 운동 기간 머리 전체 개선이 뚜렷해지는 1년(12개월 필수) 동안 운동한 다음 13개월부터 하루 100차례씩 운동하십시오.

- 운동 주의

  부분마다 130을 초과하면 끊어지는 머리카락이 발생할 수 있습니다.

✧ point 숱지다 비비高 운동(1~20부분 나누기)

부분마다 비비高 운동 순서는 본인의 편리에 따라 변경해서 적용하십시오.

제시한 부분이 본인의 두피(머리털) 크기에 비해 적합하지 않은 분은 본인의 판단과 철학에 따라서 효과적으로 부분을 다시 나누거나 보완하여 적용하십시오.

- 숱지다 비비高 운동(양손) 1~20부분 나누기

    1~2(부분) 양손으로 각각 양쪽 옆머리 앞쪽(위로⇔아래로)

    3~4(부분) 양손으로 각각 양쪽 옆머리 뒤쪽(위로⇔아래로)

    5~6(부분) 양손으로 각각 뒷머리 위 왼쪽, 오른쪽(위로⇔아래로 or 옆에서⇔옆으로)

    7~8(부분) 양손으로 각각 뒷머리 아래 왼쪽, 오른쪽(위로⇔아래로 or 옆에서⇔옆으로)

    9~10(부분) 양손으로 뒷머리 위 왼쪽, 오른쪽 중간(위로⇔아래로 or 옆에서⇔옆으로)

    11~12(부분) 양손으로 뒷머리 아래 왼쪽, 오른쪽 중간(위로⇔아래로 or 옆에서⇔옆으로)

    13~14(부분) 양손으로 각각 앞머리 아래 왼쪽과 오른쪽(위로⇔아래로)

    15~16(부분) 양손으로 각각 앞머리 위 왼쪽과 오른쪽(위로⇔아래로)

    17~18(부분) 양손으로 윗머리 부분(위로⇔아래로)

19~20(부분) 양손으로 앞머리 부분(위로⇔아래로)

본인의 머리(머리털 부분) 크기에 따라서 손길(활력)의 영향이 미치지 못하는 부분(윗머리 왼쪽, 오른쪽 등)이 있을 수 있습니다. 본인의 관찰과 판단에 따라 손길이 미치지 못하는 부분을 추가하여 꼼꼼하게 적용하십시오.

머리 씻고 머리털(손빗) 저녁 운동 최종 마무리

머리털(손빗) 운동 언제까지? 세상을 떠나는 날까지.

머리털(손빗) 운동 방법에 제대로 빠르게 숙달이 되려면 한 달 정도 실습이 필요합니다.

- 운동 참고

  헤어 세팅(젤·폼·스프레이 등)한 날은 ①윗머리 운동. ②숱지다 비비高 운동 먼저 적용한 다음 물기가 마른 다음, 남은 과정을 운동하십시오(끈적임·엉킴·끊어짐 예방).

- 7단계(만에 하나 새치, 원상회복 운동 새치 고정 비비高 운동)

- 영향력 효과

  새치를 검은 머리 그대로 원상회복

- 운동 준비(거울 앞)

- 새치 고정 비비高 운동

  멜라닌 세포 기능 회복을 위한 운동 방법.

  준비물: 돌기가 있는 소형 고무장갑(손가락 부분) or 손가락 골무.

새치 털집(털뿌리, 멜라닌 세포)에 미치는 영향력 (자동 심장 충격기 정도)

✍ 운동 방법(새치를 검은 머리로) 새치 고정 비비高 운동!

만에 하나 머리털 운동 중에 새치가 발생한 분, 머리털 운동 전에 이미 한두 가닥 새치가 발생한 분은 다음을 참고하여 새치를 검은 머리로 회복하세요.

- 방법(양손의 힘을 합쳐 강하게)

  새치가 발생한 부위에 따라 가운뎃손가락 or 엄지손가락 중에서 선택한(돌기가 있는 고무장갑이나 손가락 골무를 착용하면 미끄럽지 않고 더욱 강하게 고정 비비高 운동이 가능합니다) 다음 새치 부위에 고정하고 다른 손과 힘을 합쳐 강하게 누른 상태서 강하게 비비며 100차례 운동하는 방법입니다. 한번에 100차례는 힘이 많이 듭니다. 50차례씩 나누어 운동하거나 아침 운동 시간에 50차례, 저녁 운동 시간에 50차례씩 나누어 적용하십시오.

  (하루 중 시간 날 때마다 100차례 이상 필수 운동하십시오)

  ○ 고무장갑

  매번 고무장갑 착용이 불편한 경우 고무장갑(소형) 손가락 부분만 잘라 소지하면서 운동 때 필요한 손가락마다 번갈아 착용하면 효율적입니다.

■ **참고**

흰머리가 검은 머리로 회복하는 기간은 빠르면 이튿날~늦으면 6개월 이상 걸리게 됩니다(①흰머리 털집의 위치 및 깊이, 털집에 미치는 강도에 따라 차이가 있습니다. ②예외 멜라닌 세포의 상태에 따라 검은 머리로 회복하지 못하는 흰머리도 있는데 6개월이 지나도록 원상회복하지 못하면 본인의 철학에 따라 관리하십시오).

■ **주의 1**

새치 부위에 고정된 손가락은 움직이지 않고 새치 부위를 단단한 두개골에 강하게 누른 상태서 새치 피부만 움직이면서 강하게 비비며 자극하는 방법입니다(피부 속 새치 털집이 으스러질 정도로 강하게 적용해야 효과 만점).

■ **주의 2**

사진 촬영하고 관찰하며 검은 머리로 회복할 때까지 계속하십시오.

• 운동 요령
  ○ 새치를 짧게 자르고 짧은 새치 털끝을 강하게 누르며 운동하면 회복률이 높아집니다(다만 새치를 자를 때 검은 머리까지 자르지 않도록 주의하셔야 하며 가족이나 친구 등의 도움으로 2mm 미만으로 짧게 자르기 바랍니다).
  ○ 새치 고정 비비高 운동은 피부 속 새치 털집을 자극하는 방법으로 운동 방향과는 관계없습니다.

○ 두피에서 피가 나거나 상처가 생기지 않을 정도에서 강하게
누르고 비비며 운동하십시오.

(손쉬운 예방 운동이 머리털 혁명이다)
머리털(집게) 운동

(저녁 운동)

흰머리·탈모 원천 예방 및 염색 불요 운동

예쁜 이마·왕성한 앞머리·윗머리 만들기

■ **머리털(집게) 운동**

머리털 길이 까까머리~3cm 미만에 적합한 머리털 저녁 운동의 명칭으로 취침 중 털뿌리 활력 저하, 멜라닌 세포 기능 저하로 발생하는 탈모 및 흰머리 원천 예방은 물론 머리숱을 왕성하게 개선하고 유지하는 운동.

(인류 남녀 공통·고등학생 이상)

✧ **머리털(집게) 운동으로 탈모·흰머리 예방률(한평생)**

　　○ 탈모 증상 예방 100%

　　○ 흰머리 증상 예방 98%~

　　○ 머리숱 개선 100%

　　○ 이마 벗어짐·흰머리 예방 100%

　○ 앞머리 벗어짐·흰머리 예방 100%

만에 하나 새치, 검은 머리로 손빗 운동(7단계 참고)

아침, 저녁 운동 과정을 매일 제대로 적용한 경우.

✄ 털 사랑 집게 운동의 장단점

집게 운동은 머리털을 손가락 집게로 집고 풀 뽑듯이 당겼다 놓는 동작으로 털집(털뿌리)마다 활력을 충전하는 운동이다. 24시간 쉬지 않고 자라느라 소모되는 활력을 이렇게 모든 털집(털뿌리)마다 하루 한번씩만 제대로 당기면서 충전할 수 있다면 탈모 예방은 물론 허옇게 세지 않는다. 집게 운동만으로 충분하다는 뜻이다. 그러나 집게로 모든 머리털을 빠짐없이 제대로 당겨 줄 수 없기 때문에 갖가지 운동 방법이 필요하고 아침, 저녁, 수면 운동이 필요하다. 집게 운동 영향력이 미미한 단단한 피부도 있으며 당겨 줄 수 없는 눈썹, 속눈썹 등도 있고, 머리털, 수염도 길이가 각각 다르고 돋아나는 털싹도 있고 벗어진 피부 속의 털집(털뿌리)도 있기 때문이다.

머리털(집게) 운동

머리털 운동 중에서 가장 강렬한 운동이 집게 운동이다. 털집(털뿌리)마다 강한 영향력(활력)이 미친다. 집게 운동을 처음 시작하면서 1주일 정도는 털뿌리가 따끔거리고 아프지만 2주부터는 털집이 털뿌리를 강하게 감싸면서 전혀 아프지 않고 강하게 당겨도 끊어질지언정 빠지지 않는다(머리털의 신비).

■ **머리털(집게) 운동(취침 전 저녁 운동)**
- 피부 속 털집(털뿌리)마다 미치는 영향력

  상상 초월! 머리털(집게) 운동 적용 후 머릿결의 변화

항 목	변화·개선	느끼는 시기
증상 유무	①탈모 증상 없음(한평생). ②흰머리 발생 없음(한평생). ③앞머리·윗머리 벗어짐 없음(한평생). ④이마 벗어짐 없음(한평생).	2주부터.
머리숱	갈수록 풍성한 머릿결로 개선 및 유지됨.	3개월부터.
붙어 있고 뒹구는 털	㉮집 안 ㉯자동차 ㉰직장 등 생활 공간에 붙어 있고 뒹구는 휴지기 머리털(0~1) 없음.	2주부터.
아침·저녁 운동 과정을 제대로 매일 적용한 경우에 해당, 붙어 있고 뒹구는 휴지기 머리털 없음은 머리털 관리 방법을 지켰을 때 기준.		

■ **집게 운동(적합한 대상자 & 적절한 타이밍)**

• 머리털의 길이 까까머리~3cm 미만.

• 머리털이 짧지만 정수리에서 한 손에 머리털을 움켜쥘 수 있는 분은 머리털(손빗) 운동하십시오.

• 탈모·흰머리 증상이 없는 분(고등학생 이상).

• 흰머리 운동을 통해 탈모 개선 및 흰머리가 검은 머리로 회복된 분.

• 아버지의 머리털이 많이 벗어진 경우 고등학교(성장기 지나기 전) 시절부터.

• 흰머리 있어도 흰머리 운동 등을 통해 탈모 증상에서 완전하게 벗어난 분.

• 낮이든 밤이든 잠자리에 드는 취침 전(or 정오~저녁 시간대).

■ 머리털(집게) 운동 주의할 분

모발 이식한 분(전문의 상담 후 결정하세요).

✧ 기상천외 집게 운동 혁명 필수 코스

○ 아침 운동 머리털 아침 운동(공통 필수 과정).

○ 저녁 운동 집게 운동(주요 과정).

(1단계 집게 운동)

(2단계 탈탈 털고 동작)

(3단계 풍성한 윗머리 만들기.

윗머리 운동. (4단계 예쁜 이마와 풍성한 앞머리 만들기, 얼굴·머리

털 라인 벗어짐과 흰머리 원천 예방, 고정 비비高 운동)

(5단계 숱지다 비비高 운동)

건강한 100년 머릿결 사랑, 머리 감는 좋은 습관(비비高

100~130) 대상자

• 초심 '집게 운동' 시작 전에 운동 과정을 이해하십시오.

집게 운동 설명 과정을 처음부터 끝까지 자세히 읽어 보시고

단계별 운동 방법, 주의 요령 등을 숙지한 다음 운동을 시작하

시고 세상을 떠나는 날까지 매일매일 소중한 '집게 운동' 초심

을 잃지 마십시오.

✧ 집게 운동 시간대·소요 시간·준비물

○ 저녁 운동 정오~저녁 시간대(머리 감기 병행)

○ 소요 시간(4단계 제외) 약 18분~

○ 준비물: 돗자리·거울·매표 해면기·샴푸·비누·물수건 등

✧ 머리털 사랑 운동 시간은 자유롭게!

운동 시간이 부족한 분은 학교(직장, 자동차 등)에서 휴식 시간에 틈틈이 정오부터 저녁 시간대에 자유롭게 운동하세요. 다만 물이 필요한 윗머리 운동과 숱지다 비비高 운동은 아침, 저녁 관계없이 머리 감는 시간에 운동하십시오.

– 1단계(탈모·흰머리 원천 예방은 물론 머리숱 개선까지 집게 운동)

• 영향력 효과

○ 탈모 원천 예방.

○ 흰머리 원천 예방.

○ 머리숱 개선.

• 운동 준비(집게 운동 처음 동작)

거울 앞에서 의자에 앉거나 일어선 자세로 돗자리나 떨어진 머리털을 관찰할 수 있는 바닥 앞.

• 운동 방법

양손을 펴고 각각 집게 모양(세 손가락 or 네 손가락)을 한 다음 오른손 집게와 왼손 집게로 윗머리를 포함한 전체 머리털을 풀 뽑는 동작으로 샅샅이 역방향(윗머리)으로 당기면서 집게 운동

한다(앞머리·옆머리·윗머리·뒷머리 등 머리털 한 가닥도 소외되지 않도록 샅샅이 꼼꼼하게 3차례 반복한다).

집게 운동 순서는 본인의 편의에 따라 자유롭게 적용하십시오. (차례 시작점에서 머리 전체 샅샅이 집게 운동을 한 번 적용하면 1차례, 3차례 반복)

집게 운동 동작이 털뿌리마다 미치는 강한 영향력.

(0.0025g 이상 무게의 방울을 머리카락마다 24시간 조랑조랑 달고 다니는 정도)

- 운동 요령
  - ○ 얼굴·머리털 라인(여자 귀 옆머리 or 남자 구레나룻~이마 옆머리 라인~이마 라인)은 벗어짐 예방을 위해 집게 운동을 적용하지 않습니다.
  - ○ 이마 라인·이마 옆머리 라인 안쪽으로 집게 운동하십시오.
  - ○ 귀 옆머리(여자) or 구레나룻(남자) 경우는 운동하지 마십시오.
  - ○ 머리카락을 한두 가닥씩 집게로 집고 당기면 끊어집니다. 반드시 주변 머리털 여러 가닥 이상 집으면서 안전하게 집게 운동하십시오.
  - ○ 집게 운동 과정에서 머리털이 빠지진 않지만, 일부 끊어지는 머리카락이 발생합니다. 끊어지는 머리카락은 다시 자라겠지만 되도록 머리카락을 두피와 최대한 가까이 집게로 집고 당겨 주는 방법이 끊어지는 머리털을 방지할 수 있습니다. 집게 운동을 강하게 할수록 끊어지는 머리털이 발생하고 가는 머리카락 경우에 더 발생합니다. 집게 운동을 강하

게 하는 방법이 좋지만, 너무 많은 머리카락이 끊어지지 않
도록 당기는 강도를 약간 강하게 조절하십시오.

- 운동 참고
  - 처음 1주일 정도는 털뿌리 적응력 기간으로 연습 삼아 살살
    당긴다. 털뿌리 적응력이 끝나는 2주부터 털뿌리가 활력을
    충전하도록 약간 강하게 당긴다.
  - 손가락과 머리털이 건조한 경우 미끄러워 효율적으로 당겨
    지지 않아 자칫 털뿌리마다 강한 활력을 충전하지 못하는
    형식적인 운동이 되기 십상이다. 매표 해면기를 사용하면
    수월한 집게 운동이 가능합니다.

✧ 머리털 사랑 활력 충전 강하지만 힘들어 포기하기 쉬운 집게 운동!

털집(털뿌리, 멜라닌 세포)마다 가장 강렬한 활력이 미치는 운동이
집게 운동이다. 탈모 예방은 기본이고 흰머리를 검은 머리로 회복하
는 운동으로 적합하다. 다만 2가지 문제점에 유의해야 한다.

첫째, 힘이 많이 든다는 점이다. 처음 집게 운동하면 손가락과 손
목이 아파서 중도에 포기하거나 운동을 대충 하기가 쉽다. 참으면서
1개월 정도 견디면 적응이 된다.

둘째, 수많은 털집(털뿌리)마다 활력이 미치도록 꼼꼼하게 운동하
기가 어렵다는 점이다. 숱지다 비비高 운동으로 소외된 털집(털뿌리)
마다, 벗어진 피부 속 털집마다 활력을 보강하는 이유다. 활력이 미

치는 털집(털뿌리)과 미치지 못하는 털집(털뿌리)이 절반씩 된다. 시간이 걸려도 개체마다 빠짐없이 활력을 충전하도록 배려하는 마음이 필요하다.

또한 집게 운동은 위에서⇒아래로 당겨 주는 방법은 효과가 미약하다. 반드시 아래서⇒위로 살갗 결을 따라 역방향(윗머리)으로 당기는 집게 운동해야 털집마다 충전하는 활력이 극대화한다.

• 까까머리
  커트로 머리털이 짧아서 목덜미 머리털 부분에 집게 운동을 할 수 없으므로 손가락 비비高 운동을 해야 하지만 숱지다 비비高 과정과 중복되므로 숱지다 비비高 운동 과정으로 대체합니다. 목덜미 머리털 부분에 머리털이 1cm 이상 길어지면 커트 전까지 집게 운동하십시오.

– 2단계 운동 방법(머리칼마다 건강 충전, 깔끔한 머릿결 탈탈 털고)
  (양손)
• 영향력 효과
  ○ 해종일 빛나는 생생한 머릿결 유지
  ○ 휴지기 머리털 관리.

• 운동 방법 머리털(손빗) 운동 3단계
  탈탈 털고 운동 방법을 설명(방법, 요령 등)에 따라 매일 제대로 적용하십시오.

– 3단계(무성한 윗머리에 눈이 휘둥그레지다 윗머리 운동) (까까머리
~3cm 미만)

• 영향력 효과

    ○ 윗머리 벗어짐 원천 예방.

    ○ 윗머리 머리숱 개선.

    ○ 윗머리의 흰머리 발생 원천 예방.

    ○ 경직된 윗머리 피부 이완 효과.

    ○ 머리채 효과 등.

• 운동 방법 머리털(손빗) 운동 4단계

윗머리 운동 방법을 설명에 따라 매일 제대로 적용하십시오.

– 4단계(이마·앞머리가 벗어지거나 흰머리 증상은 옛날이야기 고정 비
비高 운동)

(예쁜 이마와 풍성한 앞머리 만들기 얼굴·머리털 라인 고정 비비高 운동)

(까까머리~3cm 미만)

나이가 들면서 가장 먼저 가장 심하게 발생하는 얼굴·머리털 라인
의 벗어짐(이마) 및 흰머리 원천 예방의 비법.

• 영향력 효과

    ○ 탈모 원천 예방.

    ○ 흰머리 원천 예방.

    ○ 앞머리 왕성하게 개선.

○ 이마 라인 벗어짐 원천 예방 등.

- 운동 방법 1 머리털(손빗) 운동 5단계
얼굴 라인 고정 비비高 운동 방법을 설명(방법, 요령 등)에 따라
매일 100차례씩 제대로 적용하십시오(①앞머리 숱이 적은 분 ②
이마가 갈수록 벗어지는 느낌이 있는 분 ③아버지의 앞머리(이마)가
많이 벗어진 분 ④개선(1) 과정(이대로 멈춰라)에 해당하는 분은
부분마다 200차례씩 강하게 문지르며 운동하십시오).
하루 200차례씩 운동 기간 벗어짐 전조 증상이 소멸되고 개선
이 뚜렷해지는 1년(12개월 필수) 동안 운동한 다음 13개월부터
하루 100차례씩 운동하십시오.

- 운동 방법 2(여자) 머리털(손빗) 운동 5단계
얼굴 라인 고정 비비高 운동 방법 (2)를 설명(여자 방법, 요령 등)
에 따라 매일 60차례씩 제대로 적용하십시오.

- 운동 방법 2(남자) 머리털(손빗) 운동 5단계
얼굴 라인 고정 비비高 운동 방법 (2)를 설명(남자 방법, 요령 등)
에 따라 매일 60차례씩 제대로 적용하십시오.

- 운동 요령
고무장갑 손가락 부분이나 고무 골무를 착용하고 운동할 경우
손가락을 부분마다 고정하고 힘주어 움직이지 않는 상태서 피

부만 움직이며 운동하십시오. 머리털에 고정된 손가락을 움직이면서 운동하면 고무와 마찰로 인해 끊어지는 머리털이 발생할 수도 있으며 까까머리 경우는 두피에 상처가 발생할 수도 있습니다.

- 5단계(탈모·흰머리 예방은 물론 머리숱 개선·머리 감기까지 숱지다 비비高 운동)

머리 감을 때 이왕이면 '일거다득' 숱지다 비비高 운동으로 습관화하세요.

(까까머리~3cm 미만)

- 영향력 효과
  ○ 탈모 원천 예방.
  ○ 흰머리 원천 예방.
  ○ 머리숱 개선과 유지 등.

- 운동 준비
  머리 감을 때처럼 머리털을 물에 완전히 적시고 비누나 샴푸로 머리 전체를 골고루 도포한 자세.

숱지다 비비高 운동 피부 속 털집(털뿌리)마다 미치는 영향력

(벗어지거나 허옇게 세지 않는 액모가 10시간 이상 비비며

활력을 충전하는 정도)

- 운동 방법(숱지다 비비高 운동) 옆머리 부분에서 시작(양손)

  머리털(손빗) 운동 6단계

  부분(1~20) 나누기를 참고하여 양손을 펴고 열 손가락을 사용하여 윗머리를 포함한 두피 부위 머리털을 골고루 100차례씩 피부 속 털집(털뿌리)마다 손길(활력)이 미치도록 문지른다. 부분마다 한 가닥도 소외되지 않도록 위로⇔아래로(윗머리 방향) 힘을 주면서 왕복으로 비비高 운동(문지르기)을 하십시오.

  (차례 부분마다 강하게 왕복으로 한 번 문지르면 1차례, 100차례씩 반복)

- 운동 요령

  ○ 머리숱이 적은 분.

  ○ 아버지의 머리털이 많이 벗어진 분.

  ○ 까까머리인 분.

  ○ 개선(1) 과정(이대로 멈춰라+α)에 해당하는 분은 부분마다 130차례씩 강하게 운동하십시오.

  130을 초과하면 끊어지는 머리카락이 발생할 수 있습니다(주의).

  하루 130차례씩 운동 기간 머리 전체 개선이 뚜렷해지는 1년(12개월 필수) 동안 운동한 다음 13개월부터 하루 100차례씩 운동하십시오.

머리 씻고 머리털(집게) 저녁 운동 최종 마무리

머리털의 길이가 3cm 이상 길어지면 머리털(손빗) 운동으로 바꿔서 머리털 운동하는 방법이 더 효율적이다.

✧ 머리털 사랑 탈모 & 흰머리 허용하지 마세요!

집게 운동 과정에서 끊기는 머리털 발생 여부, 새치 발생 여부 등 관찰을 습관화해야 그때그때 돌발 상황에 대처하여 멋진 이미지를 평생 유지할 수 있습니다. 머리털(집게) 운동 중에 흰머리가 한 가닥이라도 발생하면 머리털(손빗) 운동 7단계 방법을 병행(검은 머리로 회복할 때까지 계속)하여 회복하십시오. 세상을 떠나는 날까지 한 가닥의 탈모나 흰머리도 허용하지 마십시오.

머리털(집게) 운동 언제까지? 세상을 떠나는 날까지.

■ 주의하세요

헤어 세팅(젤·폼·스프레이 등)한 날은 ①윗머리 운동 ②숱지다 비비高 운동을 먼저 적용한 다음 머리 물기가 마른 후에 남은 운동 과정을 하십시오(끈적임·엉킴·끊어짐 예방).

머리털(집게) 운동에 제대로 빠르게 숙달이 되려면 한 달 정도 실습이 필요합니다.

흰머리 운동(1)

흰머리 회복 탈모 개선

(머리털 길이 1cm~머리채)

(인류 남녀 공통)

■ 흰머리(1) 저녁 운동

탈모 멈춤과 흰머리를 검은 머리로 회복은 물론 머리털이 빠진 피부 속 털집마다 살아 있는 털뿌리 재생으로 털싹이 돋아나면서 머리숱 개선에 적합한 운동.

✄ 흰머리 운동(1) 흰머리 및 탈모 예방률·개선율(두피 전체 평균)

○ 탈모 증상 예방 100%

○ 흰머리 증상 예방 98%~

○ 흰머리 회복 65%~

○ 탈모(머리숱) 개선 100%(살아 있는 털뿌리는 모두 재생한다는 의미)

아침, 저녁 운동 과정을 매일 제대로 적용한 경우

머리 탈모 증상에서 벗어나는 시점 자가 체크 방법!
(탈모·흰머리 필수 운동 기간인 12개월이 지난 다음 평가하십시오)

■ 운동을 시작한 날(　　　년　　　월　　　일)

■ 12개월 되는 날(　　　년　　　월　　　일)

(탈모 증상에서 벗어나는 날부터 당신의 머리털 역사는 다시 시작됩니다!)

• 가족, 친구, 직장 동료들이 "정말 머리숱이 많이 좋아졌네,
　무슨 짓 한 거냐?" 인정할 때(　).
(탈모 증상에서 벗어남 충족. 대체로 1년 정도 소요됨)

본인 느낌은 물론 위 사항처럼 주위 분들이 인정하는 경우 탈모 증상에서
벗어난 분으로 흰머리가 남아 있다면 흰머리 운동을 계속하는 방법과
남아 있는 흰머리와 관계없이 흰머리 운동을 종료하고 본인의 머리털 길이에
따른 예방 운동으로 바꿔서 매일 머리털 운동하는 방법이 있습니다.

(탈모 개선은 물론 흰머리 회복을 위한 머리털 운동!)

흰머리 운동(1)

머리털 운동을 시작하기 전부터 탈모 증상과 흰머리가 발생한 분은 머리 전체에 흰머리 운동을 적용해야 끈질기게 나타나는 흰머리 발생을 근본적으로 예방할 수 있습니다. 탈모 100% 개선은 물론 흰머리가 회복(65%~)될 때까지 계속 흰머리 운동을 적용한 다음 예방 운동으로 관리하십시오.

✒ 머리털 사랑 이대로 멈춰라+α 차선책, 개선(1) 과정

탈모 증상이 있지만, 흰머리가 있거나 백발이지만 차선책(이대로 멈춰라+α)도 있습니다. 손쉬운 머리털 예방 운동(손빗, 집게)입니다. ①흰머리 운동 과정이 어려운 분 ②흰머리 운동 과정이 불편한 분, ③시간이 부족한 분, ④이대로 멈추고 더 이상 탈모 증상이나 흰머리 발생이 없었으면 하는 분에게 권장합니다.

○ 탈모 증상 있지만 이대로 멈췄으면 하는 분

○ 흰머리 있거나, 많고, 백발이지만 탈모 증상이 없었으면 하는 분

탈모 증상을 이대로 멈추고 더 이상 진행되지 않습니다. 흰머리 발

생을 이대로 멈추고 더 이상 발생하지 않습니다. 다만 탈모 증상 개선율과 흰머리 회복률은 흰머리 운동에 비해 낮습니다. 하지만 탈모 증상, 흰머리 증상 모두 운동 전에 육안으로 관찰할 수 있는 상태보다 30%~ 정도 개선하고 회복할 수 있습니다. 흰머리 운동과 머리털(손빗) 운동을 자세히 숙독한 다음 운동 방법을 정하시기 바랍니다.

■ 흰머리 운동(1) (머리털 저녁 운동)

- 피부 속 털집(털뿌리, 멜라닌 세포)마다 미치는 영향력
  상상 초월! 흰머리 운동(1) 적용 후 머릿결의 변화

항 목	변화·개선	느끼는 시기
증상 유무	①탈모 증상 멈춤. ②새롭게 발생하는 흰머리 없음. ③앞머리·윗머리 벗어짐 멈춤. ④이마 벗어짐 멈춤.	2주부터.
살아 있는 털뿌리 재생	피부 속 털집마다 살아 있는 털싹이 돋아나면서 머리숱이 개선됨 (살아 있는 털뿌리 경우).	3개월부터.
흰머리 회복	긴 머리 경우 끊어지는 머리털이 발생하므로 강한 머리털 운동이 어려워 65%(두피 전체 평균)까지 회복이 가능합니다. 흰머리 회복은 멜라닌 세포의 상태, 흰머리 털집 위치, 깊이, 머리털 길이, 털집에 미치는 강도 등에 따라 회복되는(속도·비율·완성·시기) 정도가 각자 다릅니다.	이튿날부터.
붙어 있고 뒹구는 털	㉮집 안 ㉯자동차 ㉰직장 ㉱생활 공간에 붙어 있고 뒹구는 휴지기 머리털(0~1) 없음.	2주부터.
아침·저녁 운동 과정을 제대로 매일 적용한 경우.		

■ 흰머리 운동(1) (적합한 대상자 & 적절한 타이밍)

○ 이마가 벗어지는 등 탈모 증상 or 흰머리가 발생한 분.

○ 머리털 길이 1cm~머리채.

○ 낮이든 밤이든 잠자리에 드는 취침 전(or 정오~저녁 시간대).

■ **흰머리 운동(1) 주의할 분**

• 모발 이식한 분(전문의 상담 후 결정하세요).

✦ **기상천외 흰머리 운동(1) 혁명 필수 코스**

○ 아침 운동 머리털 아침 운동(공통 필수 과정).

○ 저녁 운동(주요 과정)

○ (1단계) 선택 1(고정 비비高 운동). 선택 2(두드림) (2단계 모아 동작)

(3단계 탈탈 털고 동작) (4단계 윗머리 운동) (5단계 얼굴 머리털 라인 탈모 및 흰머리 회복과 원천 예방, 고정 비비高 운동) (6단계 두피 비비高 운동) (7단계 흰머리를 검은 머리로, 흰머리 고정 비비高 운동)

건강한 100년 머릿결 사랑, 머리 감는 좋은 습관(비비高 130) 대상자

• 초심 '흰머리 운동(1)' 시작 전에 운동 과정을 이해하십시오. 흰머리 운동(1) 설명 과정을 처음부터 끝까지 자세히 읽어 보시고 단계별 운동 방법, 주의, 요령 등을 숙지한 다음 운동을 시작하시고 탈모 증상 개선 및 흰머리가 회복되는 날까지 매일매일 소중한 '흰머리 운동(1)' 초심을 잃지 마십시오.

✦ **흰머리 운동(1) 시간대·소요 시간·준비물**

○ 저녁 운동 정오~저녁 시간대(머리 감기 병행)

○ 소요 시간 18분(1단계, 5단계, 7단계 제외)

○ 준비물 두드림 빗·돗자리·머리빗·매표 해면기·거울·샴푸·
비누· 물수건·돌기가 있는 고무장갑 or 손가락 골무 등.

✄ 머리털 사랑 ♡ 운동 시간은 자유롭게!

운동 시간이 부족한 분은 직장(학교, 자동차 등)에서 휴식 시간에
틈틈이 정오부터 저녁 시간대에 자유롭게 운동하세요. 다만 물이
필요한 윗머리 운동과 두피 비비高 운동은 머리 감는 시간(아침 or
저녁 관계없음)에 운동하십시오(운동 과정 및 규정반드시 준수)

1단계 ①고정 비비高, ②두드림 방법 중에서 선택하십시오

− 1단계(선택 1) (시작이 벗어나는 순간이다 탈모 개선·흰머리 회복, 고
정 비비高 운동)

• 영향력 효과

○ 벗어진 피부 속 털집(털뿌리)마다 활력 충전으로 탈모·흰머
리 멈춤 및 흰머리 회복과 원천 예방.

○ 살아 있는 털뿌리 재생으로 머리숱 개선.

탈모·흰머리 고정 비비高 털집(털뿌리, 멜라닌 세포)마다 미치는 영향력 (자동 심장 충격기 정도)

• 운동 준비(하루 중 시간, 공간 제한 없이 편하고 자유롭게 운동, 맨손)

- 운동 방법 1(선택) 양손 동작(탈모 개선·흰머리 회복, 고정 비비高 운동)

앞머리~윗머리까지 탈모 증상이 진행되는 부위를 3cm 간격으로 촘촘하게 여러 부분으로 나누어 부분마다 양 손가락(검지손가락, 가운뎃손가락, 약지손가락)으로 누르고 강하게 위로⇔아래로 50차례씩 마지막 부분까지 적용한 다음 다시 처음 부분부터 4차례 반복하십시오.

  ○ 이마(머리털) 라인에서 앞머리, 윗머리까지 탈모가 진행되는 부위 중심.

  ○ 한 부분(약 3cm 내외)을 50차례 문지르고 다음 부분을 차례로 50차례씩 문지르는 동작을 한 다음 같은 동작을 처음부터 4차례 반복한다(부분마다 총 200차례씩).

(차례 처음 부분부터 마지막 부분까지 부분마다 위로⇔아래로 한 번 운동하면 1차례, 50차례 반복한 다음 처음 부분부터 마지막 부분까지 4차례 운동. 총 200차례)

- 운동 요령
  ○ 단단한 두피 피부 속 머리털이 벗어진 털집마다 강한 활력이 미치도록 강하게 문지르세요.

  ○ 손가락과 닿는 머리털이 미끄러운 경우 손가락마다 매표 해면기로 물기를 약간 묻히거나 돌기가 있는 고무장갑 or 손가락 고무 골무를 착용하면 미끄럽지 않고 더욱 강하게 고정 비비高 운동이 가능합니다.

○ 앞머리~윗머리 고정 비비高 운동 과정에서 부분마다 누른 손가락은 움직이지 않지만 두피(피부 속 털집)는 많이 움직일수록 좋습니다.

- 운동 주의

고무장갑 손가락 부분이나 고무 골무를 착용하고 운동할 경우, 손가락을 부분마다 고정하고 힘주어 움직이지 않는 상태서 피부만 움직이며 운동하십시오. 머리털에 고정된 손가락을 움직이면서 운동하면 고무와 마찰로 인해 끊어지는 머리털이 발생할 수도 있습니다.

- 운동 방법 2(선택) 한 손 동작(탈모 개선·흰머리 회복, 고정 비비高 운동)

한쪽 손가락(검지손가락, 가운뎃손가락, 약지손가락)을 사용해서 탈모 부위(부분마다)를 누른 상태(가로 or 세로)로 다른 한쪽 손가락과 힘을 합하여 연속으로 문지르는(위로⇔아래로) 동작.

○ 이마(머리털) 라인~앞머리~윗머리까지 탈모가 진행되는 부위 중심.

○ 한 부분(약 3cm 내외)을 50차례 문지르고 다음 부분을 차례로 50차례씩 문지르는 동작을 한 다음 같은 동작을 처음부터 4차례 반복한다.

(차례 처음 부분부터 마지막 부분까지 부분마다 위로⇔아래로 50차례씩 제대로 한 번 적용하면 1차례, 처음 부분부터 마지막 부분까지

4차례 반복)

- 운동 요령

한쪽 손가락으로 탈모 부위를 누른 상태서 다른 쪽 손가락으로 탈모 부분을 누른 손가락에 포개어 누르고 강하게 문지르는 방법입니다. 단단한 두피 속 머리털이 벗어진 털집마다 강한 활력이 미치도록 강하게 문지르세요. 앞머리에서 윗머리까지 탈모 증상이 진행되는 부분을 3cm 간격으로 촘촘하게 여러 부분으로 나누어 부분마다 50차례씩 마지막 부분까지 적용한 다음 다시 처음 부분부터 4차례 반복하십시오(방법 1에 비해 강도가 2배 정도 강해 탈모 개선과 흰머리 회복 효과가 뛰어납니다).

- 운동 참고

  ○ 돌기가 있는 고무장갑(소형, 절단된 손가락 부분)을 착용하고 운동하십시오.

  ○ 피부 적응을 위해 처음 1주일은 연습 겸 다소 약하게 적용하시고 피부가 적응하는 2주부터는 강하게 적용하십시오.

- 1단계(선택 2) (시작이 벗어나는 순간이다 탈모 개선·흰머리 회복, 두드림 운동)

- 영향력 효과

  ○ 벗어진 피부 속 털집(털뿌리)마다 활력 충전으로 탈모·흰머리 멈춤 및 흰머리 회복과 원천 예방.

○ 이마 벗어짐 원천 예방.

○ 윗머리 벗어짐 원천 예방.

○ 살아 있는 털뿌리 재생으로 머리숱 개선.

○ 머리 보호 등.

두드림이 털집(털뿌리, 멜라닌 세포)마다 미치는 영향력

(자동 심장 충격기 정도)

• 운동 준비(하루 중 시간, 공간 제한 없이 편하고 자유롭게 운동)

✢ **다음에 해당하는 분은 전문의 상담 후 두드림 운동 여부를 결 정하세요!**

○ 모발 이식한 분.

○ 머리 수술한 분, 두피에 상처 있는 분, 두피 통증이 있는 분.

○ 치료가 필요한 원형 탈모 등 전신 탈모 증상이 있는 분.

○ 지루성 두피 염증 진단이 있는 분 등.

• 운동 방법(두드림 동작)이마(머리털) 라인부터 시작(오른손, 왼손 번 갈아)

두드림 빗으로 이마(머리털) 라인 앞머리 부분 윗머리 부분 뒷 머리 윗부분까지 두드림이 가능한 두피 부분을 골고루 꼼꼼하 게 두드린다.

(1주일=두피 적응 기간으로 약하게 5분, 2주부터 약간 강하게 12분 두드림 운동).

- 운동 요령

  ○ 두드림이 가능한 이마(머리털) 라인부터 앞머리 부분, 윗머리, 뒷머리 윗부분만 두드려 주세요. 귀 둘레 부분, 뒤통수, 목덜미 머리털 부분까지 두드리면 상처가 생기는 등 부작용이 나타날 수 있습니다. 귀 둘레 부분, 뒤통수, 목덜미 머리털 부분에 흰머리가 있어도 무리해서 두드리지 마시고 얼굴(머리털) 라인 고정 비비高 운동, 두피 비비高 운동, 흰머리 고정 비비高 운동 등을 통해서 회복하십시오.

  ○ 흰머리 부위만 두드리지 마시고 골고루 두드리세요.

  ○ 두드림 전용 빗 or 튼튼하게 보강한 일반 빗을 사용하십시오.

두드림 운동 마무리

운동 후 머리에 붙어 있는 끊어진 머리털, 빠진 휴지기 머리털 등 깔끔하게 탈탈 털어 내고 다음 운동을 시작하십시오.

- 2단계 운동(머리털에 강한 태풍을 쐬다 모아 운동)

- 영향력 효과

  ○ 탈모 개선 및 흰머리를 검은 머리로 회복.

  ○ 탈모 및 흰머리 원천 예방.

  ○ 머리숱 개선.

- 운동 준비(머리를 수그린 자세로 돗자리나 떨어진 머리털을 관찰할 수 있는 바닥 앞)

- 운동 방법 1(모아 동작) 옆머리(양손)~윗머리 부위(한 손)

  양손을 펴고 옆머리 아래 부위에서 윗머리 부위까지 각각 손가락빗으로 두피를 강하게 문지르며 머리털을 쓸어내려 정수리에서 윗머리와 한 손에 모아 움켜쥐고 털뿌리가 따끔따끔하도록 강하게 3차례 툭툭 당겨 준다.

  ○ 손가락빗으로 머리털을 쓸어내리면 머리털이 손가락과 엉켜서 불편한 분은 손바닥으로 두피를 강하게 문지르며 쓸어내리는 동작으로 운동하십시오.

  ○ 머리털이 짧아서 모아 동작이 어려운 분은 생략하십시오(머리털이 길어지면 반드시 모아 동작을 적용하십시오).

- 운동 방법 2(모아 동작) 이마와 목덜미 머리털 부분(양손)~윗머리 부위(한 손)

  양손을 펴고 오른쪽 손가락빗은 이마(머리털) 라인에서 왼쪽 손가락빗은 목덜미 머리털 부분에서 두피를 강하게 문지르며 머리털을 쓸어내려 정수리에서 윗머리와 한 손에 모아 움켜쥐고 털뿌리가 따끔따끔하도록 강하게 3차례 당겨 준다.

모아 동작이 피부 속 털집(털뿌리, 멜라닌 세포)마다 미치는 영향력
(머리털에 태풍을 쐬는 강한 정도)

(차례 모아 동작 1과 동작 2를 제대로 한 번 적용하면 1차례, 3차례 반복)

- 3단계 운동 방법(머리칼마다 건강 충전, 깔끔한 머릿결 탈탈 털고)
(양손)

• 영향력 효과

   ○ 해종일 빛나는 생생한 머릿결 유지.

   ○ 휴지기 머리털 관리.

• 운동 준비(모아 운동 다음 곧바로)

일어선 자세로 돗자리나 떨어진 머리털을 관찰할 수 있는 바닥 앞에 머리를 약간 수그린 자세.

탈탈 털고 동작이 털뿌리(털싹)마다 미치는 영향력

(강한 바람을 머리털에게 정면으로 쐬는 정도)

• 운동 방법(탈탈 털고, 깔끔히 동작)

윗머리에 물을 묻히는 윗머리 운동 전에 고개 숙이고 빠져서 머리털과 옷에 붙어 있는 휴지기 머리털 20차례 이상 탈탈 털어 내고 마무리.

- 4단계(흰머리 회복과 원천 예방 윗머리 운동)

• 영향력 효과

   ○ 윗머리 벗어짐 원천 예방.

   ○ 윗머리 머리숱 개선.

   ○ 흰머리 회복과 원천 예방

   ○ 경직된 윗머리 피부 이완 효과 등.

- 운동 준비(탈탈 털고 동작 다음 곧바로)

  돗자리나 떨어진 머리털을 관찰할 수 있는 바닥 앞.

- 머리털 보호 방법(윗머리 비비高 운동 시작 전, 물기로 윗머리 축이기)

  머리털이 건조한 상태서 바로 비비高 운동하면 머리털이 끊어지는 현상이 있을 수 있습니다. 윗머리 비비高 운동 전에 윗머리에 물수건, 매표 해면기 등으로 윗머리를 축인 다음 비비高 운동하십시오. 윗머리를 축이면 머리털이 부드러워 강한 비비高 운동 과정에서 끊어지는 머리털이 발생하지 않습니다.

  윗머리를 보호하기 위해 윗머리 피부까지 충분히 물기를 묻히세요.

- 운동 방법 1(윗머리 운동 동작) 윗머리 부분(한 손, 강하게)

  한쪽 손을 펴서 윗머리에 얹어 힘을 주고 원을 그리며 ①오른쪽으로 10차례 ②왼쪽으로 10차례 ③오른쪽으로 10차례 ④왼쪽으로 10차례 손바닥으로 윗머리를 강하게 짓누르며 문지른다(40차례를 초과하면 끊어지는 머리털이 발생할 수 있습니다).

  (차례 원을 그리며 한 번 문지르면 1차례, 오른쪽, 왼쪽 각 20차례 총 40차례)

피부 속 털집(털뿌리, 멜라닌 세포)마다 미치는 영향력(머리털 아침 운동 참고)

(물구나무서듯 윗머리를 베개와 문대면서 8시간 정도 취침하는 효과)

- 운동 방법 2(윗머리 피부 운동 동작) 윗머리 부분(양손)

  양손을 펴서 깍지를 끼고 윗머리에 얹어 윗머리 피부 운동이

  되도록 힘을 주고 좌우로 30차례 윗머리 피부 운동한다(윗머리

  두피가 움직이도록 강하게 누르고 운동).

  (차례 윗머리에서 힘을 주고 좌우로 한 번 움직이면 1차례, 30차례 반복)

- 5단계 얼굴(머리털) 라인 벗어짐·흰머리 원상회복(고정 비비高 운동)

- 영향력 효과

  ○ 앞머리 탈모 개선

  ○ 흰머리 회복

  ○ 탈모, 흰머리 원천 예방 등.

- 운동 준비(거울 앞)

- 운동 방법 1 이마(머리털) 라인

  이마(머리털) 라인을 2부분으로 나누어 양손을 사용한다.

  ○ 양손 검지손가락, 가운뎃손가락, 약지손가락으로 각각 이마

  (머리털) 라인 중앙을 기준으로 오른쪽 1, 왼쪽 1 부분을 누

  른 상태서 아래⇔위로 왕복하며 200차례 이마와 앞머리가

  많이 움직이도록 강하게 문지른다.

  ○ 양손 검지손가락, 가운뎃손가락, 약지손가락으로 각각 오른

  쪽 2, 왼쪽 2 부분을 강하게 누른 상태서 아래⇔위로 왕복

  하며 200차례(100차례씩 두 번 나누어 운동) 이마와 앞머리

가 많이 움직이도록 강하게 문지른다.

> 얼굴(머리털) 라인 고정 비비高 털집(털뿌리, 멜라닌 세포)마다 미치는 영향력
> (자동 심장 충격기 정도)

- 운동 방법 2(여자) 이마 옆머리 부분~귀 옆머리 부분
  - 왼쪽, 오른쪽 각각 이마 옆머리(크기에 따라 1~2부분), 귀 옆머리(크기에 따라 1~2부분) 머리털 라인을 부분마다 양손 가운뎃손가락으로 왼쪽 오른쪽 각각 강하게 세로로 누른 상태서 양손 검지손가락으로 가운뎃손가락을 각각 누른 채 아래⇔위로 왕복하며 200차례씩 강하게 이마 옆머리, 귀 옆머리 부분이 많이 움직이도록 문지른다.(차례 위로⇔아래로 강하게 왕복으로 한 번 문지르면 1차례, 부분마다 200차례씩)
  - 이마 옆머리~귀 옆머리 라인에 흰머리가 많은 경우 검지손가락, 가운뎃손가락, 약손가락으로 이마 옆머리부터 귀 옆머리까지 라인을 여러 부분으로 나누고 부분마다 세로로 누르고 다른 손으로 힘을 합쳐서 위로⇔아래로 200차례씩 강하게 운동하면 흰머리 회복률이 높아집니다.

- 운동 방법 2(남자) 이마 옆머리 부분~구레나룻 부분
  - 왼쪽, 오른쪽 각각 이마 옆머리(크기에 따라 1~2부분), 귀 옆머리(크기에 따라 1~2부분), 구레나룻(크기에 따라 1~4부분) 머리털 라인을 부분마다 양손 가운뎃손가락으로 왼쪽 오른쪽 각각 강하게 세로로 누른 상태서 양손 검지손가락으로

가운뎃손가락을 각각 누른 채 아래⇔위로 왕복하며 200차
례씩 강하게 이마 옆머리, 귀 옆머리, 구레나룻 부분이 많
이 움직이도록 문지른다.

(차례 위로⇔아래로 강하게 왕복으로 한 번 문지르면 1차례, 부분마
다 200차례씩)

○ 이마 옆머리~귀 옆머리 라인, 구레나룻에 흰머리가 많은 경
   우 검지손가락, 가운뎃손가락, 약손가락으로 이마 옆머리부
   터 귀 옆머리, 구레나룻까지 라인을 여러 부분으로 나누고
   부분마다 세로로 누르고 다른 손으로 힘을 합쳐서 위로⇔
   아래로 200차례씩 강하게 운동하면 흰머리 회복률이 높아
   집니다.

• 운동 요령
   ○ 부분마다 누른 손가락은 움직이지 않고 피부는 많이 움직
      일수록 좋습니다.
   ○ 가운뎃손가락에 물기를 묻히거나 돌기가 있는 고무장갑(소
      형 절단된 손가락) or 손가락 고무 골무를 착용하면 미끄럽지
      않고 더욱 강하게 고정 비비高 운동이 가능합니다.
   ○ 피부 적응을 위해 처음 2주일은 약하게 적용하시고 피부가
      적응하는 3주부터는 강하게 적용하십시오.
   ○ 한번에 200차례 운동은 힘이 많이 들고 털집에 미치는 활
      력도 약합니다. 100차례씩 2번 나누어 운동하거나 오전에
      100차례, 오후에 100차례 나누어 운동하십시오.

• 운동 주의

고무장갑 손가락 부분이나 고무 골무를 착용하고 운동할 경우 손가락을 부분마다 고정하고 힘주어 움직이지 않는 상태서 피부만 움직이며 운동하십시오. 머리털에 고정된 손가락을 움직이면서 운동하면 고무와 마찰로 인해 끊어지는 머리털이 발생할 수도 있습니다.

– 6단계(흰머리 회복은 물론 탈모 개선·머리 감기까지 두피 비비高 운동)

머리 감을 때 이왕이면 '일거다득' 두피 비비高 운동으로 습관화하세요.

• 영향력 효과

　　○ 탈모 개선.

　　○ 흰머리 회복.

　　○ 머리숱 개선.

　　○ 두피 이완 및 마사지.

•운동 준비

머리 감을 때처럼 머리털을 물에 완전히 적시고 비누나 샴푸로 머리 전체를 골고루 도포한 자세(맨손).

두피 비비高 운동 피부 속 털집(털뿌리, 멜라닌 세포)마다 미치는 영향력
(벗어지거나 허옇게 세지 않는 액모가 13시간 동안 비비며
활력을 충전하는 정도)

- 운동 방법(두피 비비高 운동) 옆머리 부분에서 시작(양손)

  아랫부분(1~20) 나누기를 참고하여 양손을 펴고 열 손가락을 사용해서 윗머리를 포함한 머리털 부분을 골고루 130차례씩 피부 속 털집(털뿌리)마다 손길(활력)이 미치도록 문지른다. 부분마다 한 가닥도 소외되지 않도록 위로⇔아래로(윗머리 방향) 힘을 주면서 샅샅이 비비高 운동(문지르기)을 하십시오.

  (차례 부분마다 강하게 왕복으로 한 번 문지르면 1차례, 130차례씩 반복)

- 운동 요령

  단순히 두피(피부)를 문지르는 방법이 아니고 피부 속(털집)을 자극하는 방법이 요령입니다. 피부 속 털집(털뿌리)마다 강한 활력이 미치도록 부분마다 강하게 누르며 문지르세요.

✍ point 두피 비비高 운동(1~20부분 나누기)

  ○ 주목 130을 초과하면 끊어지는 머리카락이 다수 발생할 수 있습니다(주의).

  부분마다 비비高 운동 순서는 본인의 편리에 따라 변경해서 적용하십시오.

  제시한 부분이 본인의 두피 크기에 비해 적합하지 않은 분은 본인의 판단과 철학에 따라서 효과적으로 부분을 다시 나누거나 보완하여 적용하십시오.

  ○ 양손 사용한 두피 부위 비비高 운동 1~20부분 나누기

1~2(부분) 양손으로 각각 양쪽 옆머리 앞쪽(위로⇔아래로)

3~4(부분) 양손으로 각각 양쪽 옆머리 뒤쪽(위로⇔아래로)

5~6(부분) 양손으로 각각 뒷머리 위 왼쪽, 오른쪽(위로⇔아래로 or 옆에서⇔옆으로)

7~8(부분) 양손으로 각각 뒷머리 아래 왼쪽, 오른쪽(위로⇔아래로 or 옆에서⇔옆으로)

9~10(부분) 양손으로 뒷머리 위 왼쪽, 오른쪽 중간(위로⇔아래로 or 옆에서⇔옆으로)

11~12(부분) 양손으로 뒷머리 아래 왼쪽, 오른쪽 중간(위로⇔아래로 or 옆에서⇔옆으로)

13~14(부분) 양손으로 각각 앞머리 아래 왼쪽과 오른쪽(위로⇔아래로) 15~16(부분) 양손으로 각각 앞머리 위 왼쪽과 오른쪽(위로⇔아래로) 17~18(부분) 양손으로 윗머리 부분(위로⇔아래로)

19~20(부분) 양손으로 앞머리 부분(위로⇔아래로) 본인의 머리(머리털 부분) 크기에 따라서 손길(활력)의 영향이 미치지 못하는 부분(윗머리 왼쪽, 오른쪽 등)이 있을 수 있습니다. 본인의 관찰과 판단에 따라 손길이 미치지 못하는 부분을 추가하여 꼼꼼하게 적용하십시오.

머리 씻고 6단계까지 마무리

• 운동 참고

  ○ 양손 손가락 끝마디(짧은 손톱)로 강하게 두피 비비高 운동

을 하십시오. 운동 과정에서 소수의 끊어지는 머리털은 발견이 됩니다.

○ 머리 감은 후 컨디셔너 or 헤어 오일을 사용하면 강한 두피 비비高 운동으로 거칠어지는 머릿결을 보호할 수 있습니다.

✿ point 흰머리 운동(1) 매달 종합 평가해야!

흰머리 운동(1) 과정을 준수하여 매일 제대로 운동한 다음 월별로 종합 평가를 진행하십시오. 돗자리나 바닥에 떨어진 머리털 모아서 관찰(휴지기로 빠진 머리털·끊어진 머리털 등)을 습관화해야 흰머리에서 벗어난 다음에도 그때그때 돌발 상황에 따른 대안을 적용하여 평생 탈모 원천 예방은 물론 흰머리 없는 멋진 이미지를 유지할 수 있습니다.

○ 주의하세요

헤어 세팅(젤·폼·스프레이 등)한 날은 윗머리 운동·두피 비비高 운동을 먼저 적용한 다음 머리 물기가 마른 후에 남은 과정을 운동하십시오(끈적임·엉킴·끊어짐 예방).

– 7단계 운동 방법(검은 머리 그대로 흰머리 정복, 고정 비비高 운동)

• 영향력 효과 흰머리를 검은 머리 그대로 원상회복

• 멜라닌 세포 기능 회복을 위한 운동 방법

흰머리를 검은 머리로 회복을 원하지 않는 분은 7단계 과정은 생략하십시오.

- 운동 준비(거울 앞)

흰머리 털집(털뿌리, 멜라닌 세포)에 미치는 영향력

(자동 심장 충격기 정도)

■ 운동 1차(처음부터 6개월까지)

앞머리, 옆머리 부분 흰머리를 검은 머리(65%~)로 회복하는 기간입니다.

눈에 띄는 앞머리, 옆머리 부분 흰머리를 검은 머리로 회복.

■ 운동 2차(7개월부터 윗머리, 뒷머리 65% 이상 검은 머리로 회복할 때까지 운동 기간)

- 운동 방법(흰머리를 검은 머리로) 고정 비비高 운동!
  - ○ 운동 1차(처음부터 6개월까지)

    앞머리, 옆머리 부분마다 빠짐없이 강하게 적용(하루 100차례 이상)하십시오.

  - ○ 방법(한 손 양손의 힘을 합쳐 강하게)

    앞머리, 옆머리 크기(흰머리 밀도)에 따라 여러 부분으로 나누고 부분마다 한쪽 검지손가락, 가운뎃손가락, 약손가락으로 누른(돌기가 있는 고무장갑이나 손가락 골무를 착용하면 미끄럽지 않고 더욱 강하게 고정 비비高 운동이 가능합니다) 다음(가로 or 세로) 다른 손과 힘을 합쳐 강하게 누른 상태서 강하게 비비며 100차례씩(위로⇔아래로) 운동하는 방법입니다. 한번에 100차례씩은 힘이 많이 듭니다. 50차례씩 두 번 나누어 운동하거나 머리털 아침 운동 시간에 50차례, 저녁 운동 시간에 50차례씩 나누어 운동하십시오.

○ 고무장갑

매번 고무장갑 착용이 불편한 경우 고무장갑(소형) 손가락 부분만 잘라 소지하면서 운동 때 필요한 손가락마다 번갈아 착용하면 효율적입니다.

• 운동 참고

○ 흰머리가 검은 머리로 회복하는 기간은 빠르면 이튿날, 늦으면 6개월 이상 걸리게 됩니다(흰머리 털집 위치, 깊이 및 털집에 미치는 강도에 따라 차이).

○ 흰머리 부분에 고정된 손가락은 움직이지 않고 흰머리 부분을 단단한 두개골에 강하게 누른 상태서 흰머리 부분 피부만 움직이면서 강하게 비비며 자극하는 방법입니다(피부 속 털집이 으스러질 정도로 강하게 운동하십시오).

○ 사진 촬영하고 관찰하며 검은 머리로 회복할 때까지 계속하십시오.

○ 두피에서 피가 나거나 상처가 생기지 않을 정도에서 강하게 누르고 강하게 비비며 운동하십시오.

머리털 저녁 흰머리 운동(1) 최종 마무리

흰머리 운동(1) 언제까지?

탈모 100% 개선은 물론 흰머리가 검은 머리로 회복할 때까지(65%

이상) 적용한 다음 예방 운동으로 바꿔서 관리.

흰머리 운동(1) 방법에 제대로 빠르게 숙달이 되려면 한 달 정도 실습이 필요합니다.

흰머리 운동(2)

흰머리 회복 탈모 개선

(머리털 길이 까까머리~0.5cm 미만 유지)

(인류 남녀 공통)

✧ 흰머리(2) 저녁 운동

탈모 멈춤과 흰머리를 검은 머리로 회복은 물론 머리털이 빠진 피부 속 털집마다 살아 있는 털뿌리 재생으로 털싹이 돋아나면서 머리숱 개선에 적합한 흰머리 운동 명칭.

- 흰머리 운동(2) 흰머리 및 탈모 예방률과 개선율(두피 전체 평균)
  - 탈모 증상 예방 100%
  - 흰머리 증상 예방 99%~
  - 흰머리 회복 90%~
  - 탈모(머리숱) 개선 100%(살아 있는 털뿌리는 모두 재생한다는 의미)

아침, 저녁 운동 과정을 매일 제대로 적용한 경우

머리 탈모 증상에서 벗어나는 시점 자가 체크 방법!
(탈모·흰머리 필수 운동 기간인 12개월이 지난 다음 평가하십시오)

- ■ 운동을 시작한 날(년   월   일)
- ■ 12개월 되는 날(년   월   일)

(탈모 증상에서 벗어나는 날부터 당신의 머리털 역사는 다시 시작됩니다!)

가족, 친구, 직장 동료들이 "정말 머리숱이 많이 좋아졌네,
무슨 짓 한 거냐?" 인정할 때(   ).
(탈모 증상에서 벗어남이 충족. 대체로 1년 정도 소요됨)

본인 느낌은 물론 위 사항처럼 주위 분들이 인정하는 경우 탈모 증상에서 벗어난 분으로 흰머리가 남아 있다면 흰머리 운동을 계속하는 방법과 남아 있는 흰머리와 관계없이 흰머리 운동을 종료하고 본인의 머리털 길이에 따른 예방 운동으로 바꿔서 매일 머리털 운동하는 방법이 있습니다.

흰머리 운동(2)

흰머리 운동(2)은 흰머리를 검은 머리로 회복하기 위한 가장 적합한 방법이다. 요건은 머리털이 짧아야 한다. 머리털 길이가 1cm 이상인 분은 끊어지는 머리털을 보호하기 위해서 흰머리 운동(1)을 권장한다. 흰머리 운동(1)이 살갗 결을 자극하는 정도라면 흰머리 운동(2)은 짧은 털끝을 짓누르면서 털집(털뿌리, 멜라닌 세포)을 자극하는 방법으로 털집 위치, 깊이와 관계없이 회복률을 극대화한다. 또한 머리털 끊어짐과 탈색되는 현상을 걱정할 필요 없이 강한 두피 비비高 운동할 수 있다. 흰머리를 검은 머리로 회복은 물론 다시는 탈모나 흰머리가 발생하지 않도록 원천 예방이 가능하다.

■ 흰머리 운동(2) (머리털 저녁 운동)

• 피부 속 털집(털뿌리, 멜라닌 세포)마다 미치는 영향력

　상상 초월! 흰머리 운동(2) 적용 후 머릿결의 변화

항 목	변화·개선	느끼는 시기
증상 유무	①탈모 증상 멈춤. ②새롭게 발생하는 흰머리 없음. ③앞머리·윗머리 벗어짐 멈춤. ④이마 벗어짐 멈춤.	2주부터.
살아 있는 털뿌리 재생 머리숱	살아 있는 털뿌리 재생으로 피부 속 털집마다 털싹이 돋아나면서 갈수록 숱진 머릿결로 왕성하게 개선됨 (살아 있는 털뿌리 경우).	3개월부터.
흰머리 회복	짧은 머리 경우도 멜라닌 세포의 상태, 흰머리 털집 위치와 깊이 및 미치는 강도 등에 따라 100% 회복이 어려울 수 있으며, 회복되는(속도·비율·완성 시기) 정도가 각자 다릅니다.	이튿날부터.
아침·저녁 운동 과정을 제대로 매일 적용한 경우 기준.		

■ **흰머리 운동(2) (적합한 대상자 & 적절한 타이밍)**

- 이마가 벗어지는 등 탈모 증상이 있는 분.

- 흰머리 수효가 많은 분.

- 10일~15일 한 번 까까머리로 커트가 가능한 분(검은 머리로 회복할 때까지).

- 낮이든 밤이든 잠자리에 드는 취침 전(or 정오~저녁 시간대).

☆ 기상천외 흰머리 운동(2) 혁명 필수 코스

- 아침 운동 머리털 아침 운동(공통 필수 과정)
- 저녁 운동 흰머리 운동(2) (주요 과정)

(1단계) 선택 1(고정 비비高 운동) 선택 2(두드림)

(2단계 윗머리 운동)

(3단계 얼굴·머리털 라인 고정 비비高 운동)

(4단계 두피 비비高 운동)

(5단계 흰머리를 검은 머리로, 흰머리마다 고정 비비高 운동)

건강한 100년 머릿결 사랑, 머리 감는 좋은 습관(비비高 200) 대상자

- 초심 '흰머리 운동(2)' 시작 전에 운동 과정을 이해하십시오. 흰머리 운동(2) 설명 과정을 처음부터 끝까지 자세히 읽어 보시고 단계별 운동 방법, 주의, 요령 등을 숙지한 다음 운동을 시작하시고 탈모 개선 및 흰머리가 회복되는 날까지 매일매일 소중한 흰머리 운동(2) 초심을 잃지 마십시오.

☆ 흰머리 운동(2) 운동 시간대·소요 시간·준비물

- 저녁 운동 정오~저녁 시간대(머리 감기 병행)
- 소요 시간 22분(1단계, 3단계, 5단계 제외) ㅁ준비물 두드림 빗·거울·샴푸·비누·매표 해면기·고무장갑 등

☆ 머리털 사랑 운동 시간은 자유롭게!

운동 시간이 부족한 분은 직장(학교, 자동차 등)에서 휴식 시간에

틈틈이 정오부터 저녁 시간대에 자유롭게 운동하세요. 다만 물이 필요한 윗머리 운동과 두피 비비高 운동은 머리 감는 시간(아침 or 저녁 관계없음)에 운동하십시오(운동 과정 및 규정 반드시 준수)

- 1단계 ①고정 비비高, ②두드림 방법 중에서 선택하십시오
- 1단계(선택 1) 시작이 벗어나는 순간이다 탈모 개선·흰머리 회복, 고정 비비高 운동

- 영향력 효과
  ○ 벗어진 피부 속 털집(털뿌리)마다 활력 충전으로 탈모·흰머리 멈춤 및 흰머리 회복과 원천 예방
  ○ 살아 있는 털뿌리 재생으로 머리숱 개선.

탈모·흰머리 고정 비비高 털집(털뿌리, 멜라닌 세포)마다 미치는 영향력
(자동 심장 충격기 정도)

- 운동 준비(하루 중 시간, 공간 제한 없이 편하고 자유롭게 운동, 맨손)

- 운동 방법 1(선택) (양손) 동작(탈모 개선·흰머리 회복, 고정 비비高 운동)
  흰머리 운동(1) 1단계 손가락 고정 비비高 운동 방법(1)을 설명 (방법, 요령 등)에 따라 똑같이 매일 제대로 적용하십시오.

- 운동 방법 2(선택) (한 손) 동작(탈모 개선·흰머리 회복, 고정 비비
  高 운동)
  - ○ 흰머리 운동(1) 1단계 손가락 고정 비비高 운동 방법(2)을 설
    명(방법, 요령 등)에 따라 똑같이 매일 제대로 적용하십시오.

- 운동 요령
  고무장갑 손가락 부분이나 고무 골무를 착용하고 운동할 경우
  손가락을 부분마다 고정하고 힘주어 움직이지 않는 상태서 피
  부만 움직이며 운동하십시오. 머리털에 고정된 손가락을 움직
  이면서 운동하면 고무와 마찰로 인해 두피에 상처가 발생할 수
  도 있습니다).

- 1단계(선택 2) 시작이 벗어나는 순간이다 탈모 개선·흰머리 회
복, 두드림 운동
  - 영향력 효과
    - ○ 벗어진 피부 속 털집(털뿌리)마다 활력 충전으로 탈모·흰머
      리 멈춤 및 흰머리 회복과 원천 예방.
    - ○ 이마 벗어짐 원천 예방.
    - ○ 윗머리 벗어짐 원천 예방.
    - ○ 살아 있는 털뿌리 재생으로 머리숱 개선.
    - ○ 머리 보호 등.

두드림 앞머리~윗머리 털집(털뿌리, 멜라닌 세포)마다 미치는 영향력

(자동 심장 충격기 정도)

- 운동 준비(하루 중 시간, 공간 제한 없이 편하고 자유롭게 운동)

  ○ 두드림 전용 빗 or 튼튼하게 보강한 일반 빗을 사용하십시오.

- 운동 방법(두드림 동작) 이마(머리털) 라인부터 시작(오른손, 왼손 번갈아)

  ○ 흰머리 운동(1) 1단계 두드림 운동 과정을 설명(방법, 주의 등)에 따라 똑같이 매일 제대로 적용하십시오.

– 2단계 운동 방법(흰머리 회복과 원천 예방 윗머리 운동)

- 영향력 효과

  ○ 윗머리 벗어짐 원천 예방.

  ○ 윗머리 머리숱 개선.

  ○ 윗머리의 흰머리 회복과 원천 예방.

  ○ 경직된 윗머리 피부 이완 등.

- 운동 방법 1(윗머리 운동 동작) 윗머리 부위(한 손, 강하게)

  ○ 흰머리 운동(1) 4단계 윗머리 운동 방법(동작 1)을 설명에 따라 똑같이 매일 제대로 적용하십시오.

- 운동 방법 2(윗머리 피부 운동 동작) 윗머리 부위(양손)

  ○ 흰머리 운동(1) 4단계 윗머리 피부 운동 방법(동작 2)을 설명에 따라 똑같이 매일 제대로 적용하십시오.

- 3단계(얼굴·머리털 라인 탈모·흰머리 원상회복 얼굴 라인 고정 비비
  高 운동)
- 영향력 효과
  - ○ 앞머리 탈모 개선.
  - ○ 흰머리 회복.
  - ○ 탈모, 흰머리 원천 예방 등.

- 운동 준비(거울 앞)

- 운동 방법 1 이마(머리털) 라인
  - ○ 흰머리 운동(1) 5단계(얼굴·머리털 라인 탈모·흰머리 회복 고정
    비비高) 운동 방법(방법 1)을 설명에 따라 똑같이 매일 제대
    로 적용하십시오.

얼굴(머리털) 라인 고정 비비高 털집(털뿌리, 멜라닌 세포)마다 미치는 영향력
(자동 심장 충격기 정도)

- 운동 방법 2(여자) (이마 옆머리 부분~귀 옆머리 부분) 양손
  - ○ 흰머리 운동(1) 5단계(얼굴·머리털 라인 탈모·흰머리 회복 고정
    비비高) 운동 방법(방법 2, 여자)을 설명에 따라 똑같이 매일
    제대로 적용하십시오.

- 운동 방법 2(남자) (이마 옆머리 부분~구레나룻 부분) 양손
  - ○ 흰머리 운동(1) 5단계(얼굴·머리털 라인 탈모·흰머리 회복 고정

비비高) 운동 방법(방법 2, 남자)을 설명에 따라 똑같이 매일 제대로 적용하십시오.

– 4단계(흰머리 회복은 물론 탈모 개선·머리 감기까지 두피 비비高 운동) 머리 감을 때 이왕이면 '일거다득' 두피 비비高 운동으로 습관화하세요.

- 영향력 효과
  - ○ 탈모 개선.
  - ○ 흰머리 회복.
  - ○ 머리숱 개선.
  - ○ 두피 이완 및 마사지.

- 운동 준비

  머리 감을 때처럼 머리털을 물에 완전히 적시고 비누나 샴푸로 머리 전체를 골고루 도포한 자세(맨손).

> 두피 비비高 운동 피부 속 털집(털뿌리, 멜라닌 세포)마다 미치는 영향력
> (벗어지거나 허옇게 세지 않는 액모가 20시간 동안 비비며
> 활력을 충전하는 정도)

- 운동 방법(두피 비비高 운동) 옆머리 부분에서 시작(양손 따로)
  - ○ 흰머리 운동(1) 6단계(두피 비비高 운동) 운동 방법(부분 나누기 등)을 설명에 따라 부분마다 200차례씩 매일 제대로 적용하십시오.

■ **탈모 개선은 물론 검은 머리로 회복하기 위한 노하우**

○ 머리털이 0.5cm 이상이면 까까머리로 커트하시고 시작하십시오.

○ 탈모 100%(살아 있는 털뿌리 모두 재생) 개선 및 검은(90% 이상)
머리로 회복될 때까지는 10일~15일에 한 번 까까머리로 커트
하십시오(운동하면서 본인의 경험 및 철학에 따라 가능하면 커트 기
일을 더 짧게 유지하십시오).

　○ 매번 까까머리로 커트하는 날 저녁 운동은 맨손으로 비비高
　운동하십시오.

　○ 머리털의 길이가 0.1~0.3cm 미만에서 효과가 가장 좋습니
　다(직접 경험하면서 비교 평가하십시오).

　○ 머리털을 까까머리로 커트하기 어려운 분은 흰머리 운동(1)
　을 하십시오.

• 운동 요령

　○ 단순히 두피(피부)를 문지르는 방법이 아니고 피부 속 털집
　(털뿌리, 멜라닌 세포)을 자극하는 방법이 요령입니다. 피부
　속 털집마다 강한 활력이 미치도록 부분마다 짧은 털끝을
　손끝으로 짓누르며 강하게 문지르세요.

　○ 손가락으로 짧은 털끝을 짓누르며 문지를 경우 불편하거나
　손가락 보호가 필요한 분은 소형 고무장갑을 착용하고 운
　동하십시오.

- 운동 주의

  머리털이 짧아도 강한 비비高 운동 과정에서 깨알처럼 끊어지는 머리털이 발생할 수 있습니다. 끊어지는 머리털은 발생할 수 있지만 피부(두피)에 상처가 생길 정도로 너무 강하게 문대지는 마십시오. 자칫 머리털이 벗어질 수도 있습니다.

머리 씻고 4단계까지 마무리

✧ 머리털 사랑 흰머리 운동(2)은 강렬하게!

흰머리 운동은 강하게 하십시오. 처음 1주일은 연습 겸 100차례씩 약하게 두피 비비高 운동을 적용하시고 피부가 적응하는 2주부터는 털뿌리에서 피가 나거나 피부에 상처가 생기지 않을 정도에서 강하게 200차례씩 운동하십시오. 매일매일 계속하면서 매월(커트 전에 관찰) 개선 상태를 평가하십시오. 흰머리의 비율, 흰머리 고정 비비高 운동(강하게) 등을 제대로 매일 적용하느냐 여부, 머리털이 벗어진 피부 속(위치, 깊이) 털집(털뿌리, 멜라닌 세포)마다 미치는 영향력 등에 따라서 흰머리가 검은 머리로 회복되기 시작하는 시점은 빠르면 이튿날부터 늦으면 6개월 전후이고, 회복되는 속도·비율·완성 정도는 각자마다 차이가 있습니다.

  – 5단계(흰머리를 검은 머리 그대로 흰머리 정복, 고정 비비高 운동)

- 영향력 효과

  ○ 흰머리를 검은 머리 그대로 원상회복.

  ○ 멜라닌 세포 기능 회복을 위한 운동 방법.

흰머리를 검은 머리로 회복을 원하지 않는 분은 5단계 과정은 생략하십시오.

- 운동 준비(거울 앞)

흰머리 털집(털뿌리, 멜라닌 세포)에 미치는 영향력 (자동 심장 충격기 정도)

■ 주목

커트하기 전에 흰머리 부분과 밀도를 관찰하고 인지하면 까까머리 기간에도 부분마다 고정 비비高 운동이 수월합니다.

■ 운동 1차(처음부터 6개월까지)

- 앞머리, 옆머리 흰머리를 검은 머리로 확실하게 회복(90%~) 하는 기간입니다. 앞머리, 옆머리 부분 흰머리가 검은 머리로 회복(90%~)한 다음 7개월부터 윗머리, 뒷머리로 확대하십시오.

■ 운동 2차(7개월부터 윗머리, 뒷머리 흰머리 부분이 90% 이상 검은 머리로 회복할 때까지)

- 운동 방법 흰머리 운동(1) 7단계(흰머리 고정 비비高 운동) 운동(방법, 요령)을 설명(주의, 고무장갑 등)에 따라 흰머리 부분마다 100차례씩 매일 제대로 운동하십시오.

- 운동 관찰
  - ○ 흰머리 운동⑵ 운동 전에 흰머리 부분을 촬영하십시오.
  - ○ 2개월부터 매달 관찰(커트 전)하십시오. 탈모 증상 100% 개선, 흰머리 90% 이상 회복된 다음 머리털 길이에 따른 예방 운동으로 평생 흰머리 없는 멋진 머릿결로 관리하십시오.
  - ○ 짧은 털끝을 누르며 운동해도 멜라닌 세포의 노화 상태와 흰머리 털집의 위치, 깊이 등에 따라 활력이 미치지 못하는 털집이 존재하므로 100% 원상회복은 어렵습니다(두피 전체 평균 90% 이상 회복 가능).

흰머리 운동⑵ 방법에 제대로 빠르게 숙달이 되려면 한 달 정도 실습이 필요합니다.

제4부

수염 혁명

(손쉬운 예방 운동이 수염 혁명이다)

수염 운동

(수염을 기르는 분·면도하는 분)

흰 수염·탈모 원천 예방

(남성 공통·고등학생 이상)

■ 수염 아침 운동

기상 후 경직된 수염 피부 이완 및 털집(털뿌리, 멜라닌 세포)마다 소모된 활력을 보충하여 일상으로 활동하는 시간에 발생하는 수염 탈모 및 흰 수염 전조 예방 운동

■ 수염 저녁 운동

취침 중 털뿌리 활력 저하, 멜라닌 세포 기능 저하로 발생하는 수염 탈모 및 흰 수염을 원천 예방하는 운동

✧ 수염 운동 탈모·흰 수염 예방률

　○ 탈모 증상 예방 100%

　○ 흰 수염 증상 예방 98%~

만에 하나 흰 수염, 검은 수염으로 수염 운동(4단계 참고)

아침, 저녁 운동 과정을 매일 제대로 적용한 경우

(한평생 탈모·흰 수염 없는 매력적인 덥수룩한 수염!)

수염 운동

수염을 기르는 것은 ①문화적 ②관습 ③매력과 멋있는 이미지를 연출하기 때문이다. 수염 운동은 탈모나 흰 수염이 발생하지 않은 시절부터 시작해야 한평생 탈모나 흰 수염 없는 덥수룩한 매력적인 털북숭이 수염을 유지할 수 있다. 수염을 사랑하는 당신에게 한평생 미소가 되길 소망한다. 만에 하나 수염 운동 중에 흰 수염이 발생한 분은 저녁 운동 4단계를 통해 검은 수염으로 조기에 회복하기를 바란다.

- **수염 운동(기상 후·아침 운동, 취침 전·저녁 운동)**
- 피부 속 털집(털뿌리)마다 미치는 영향력
  상상 초월! 수염 운동 적용 후 수염의 변화

항 목	변화·개선	느끼는 시기
증상 유무	①벗어지는 수염 없음(한평생). ②흰 수염 없음(한평생).	2주부터.
수염 숱 개선	피부 속 털집마다 돋아나는 털싹으로 갈수록 눈에 띄게 수염 털북숭이로 개선.	3개월부터.
아침·저녁 운동 과정을 제대로 매일 적용한 경우 기준		

✄ 기상천외 수염 운동 혁명 필수 코스

- 아침 운동

  ○ 수염 부분 고정 비비高 운동

- 저녁 운동(주요 과정)

  (1단계 양면 비비高 운동)

  (2단계 집게 비비高 운동)

  (3단계 수염 부분 고정 비비高 운동)

  (4단계 만에 하나 흰 수염이 발생한 경우 흰 수염 고정 비비高 운동)

- **수염 운동(적합한 대상자 & 적절한 타이밍)**

  ○ 흰 수염·탈모가 발생하지 않은 분(고등학생 이상).

  ○ 흰 수염 운동을 통해 수염 탈모 증상이나 흰 수염 증상에서 완전히 벗어난 분.

  ○ 흰 수염이 있어도 흰 수염 운동을 통해 탈모 증상에서 벗어난 분.

○ 아침 운동 낮이든 밤이든 잠자리에서 일어나는 기상 후.

○ 저녁 운동 낮이든 밤이든 잠자리에 드는 취침 전(or 정오~저녁 시간대).

■ **수염 운동 주의할 분(전문의 상담 후 결정하세요)**

• 수염 이식한 분.

✧ **수염 운동 시간대·소요 시간·준비물**

○ 아침 운동 기상 후~아침 시간대 소요 시간 약 5분~

○ 저녁 운동 정오~저녁 시간대 소요 시간 약 15분~

○ 준비물 손 세정제 or 비누·거울·돌기가 있는 고무장갑 or 손가락 골무 등.

✧ **수염 사랑 운동 시간은 자유롭게!**

기상 후 아침 운동 시간이 부족한 분은 등굣길(출근) 차에서, 학교(직장)에서 휴식 시간에 틈틈이 운동하세요. 저녁 운동 경우도 정오부터 저녁 시간대에 자유롭게 운동하세요. 아침 운동 후 3시간 이상 지난 다음에 저녁 운동하는 것이 좋습니다.

단계별 규정을 제대로 지키면서 운동하세요.

• 초심 '수염 운동' 시작 전에 운동 과정을 이해하십시오.

수염 운동 설명 과정을 처음부터 끝까지 자세히 읽어 보고 단계별 운동 방법, 주의, 요령 등을 숙지한 다음 운동을 시작하시고 세상을 떠나는 날까지 매일 '수염 운동' 초심을 잃지 마십시오.

✡ 수염 사랑 콧수염 등 특정 부분만 수염을 기르는 분

수염을 면도하는 분이나 수염을 전체적으로 멋있게 기르는 분은 아침, 저녁 운동 과정 설명에 따라 부분마다 빠짐없이 운동하십시오. 콧수염 등 일부만 멋있게 기르는 분은 아침, 저녁 운동 과정에서 본인이 기르는 특정 수염 부분만 선택하여 운동으로 관리하십시오. 다만 운동하지 않는 부분의 수염은 나이가 들면서 탈모 증상이나 흰 수염이 발생할 수 있습니다.

■ 아침 운동(예방 운동이 수염 혁명이다 수염 부분 고정 비비高 운동)

- 영향력 효과
    - ○ 수염 탈모, 흰 수염 원천 예방.
    - ○ 풍성한 수염 숱 개선과 유지.
    - ○ 치아 보호.
    - ○ 입주름 예방 등.

- 운동 준비 거울 앞(숙달하면 거울 없이도 운동이 가능합니다)

- 운동 방법(수염 부분 고정 비비高 운동 동작) 턱선 수염부터 시작
    - ○ 한 손의 ①검지손가락, 가운뎃손가락. ②가운뎃손가락, 약손가락. ③검지손가락, 가운뎃손가락, 약손가락 중 편리에

따라, 부분(부분 나누기 참고)마다 누르며 고정 비비高를 적
용합니다.

ㅇ 부분마다 고정 비비高 적용하는 손가락 위를 다른 손으로
강하게 누른 채 양손의 힘으로 강하게 문지르는 방법입니다.

ㅇ 손가락은 움직이지 않고 피부만 움직이면서 운동합니다(피
부는 많이 움직일수록 좋습니다).

ㅇ 부분마다 30차례씩 운동합니다(아랫부분 나누기를 참고하여 피
부 속 털집마다 활력이 미치도록 꼼꼼하고 강하게 운동하십시오).

(차례 수염 부분마다 강하게 왕복으로 한 번 문지르면 1차례, 30차
례씩 반복)

수염 부분 고정 비비高 운동이 피부 속 털집(털뿌리)마다 미치는 영향력
(자동 심장 충격기 정도)

- 운동 요령
  - ㅇ 잇몸과 치아가 적응하는 한 달 정도는 약하게 연습 겸 실습
  하시고 잇몸과 치아가 튼튼해지는 2개월부터는 피부 속 털
  집을 자극하도록 강하게 운동하십시오.
  - ㅇ 치아가 없거나 치아 크라운, 브릿지, 임플란트 등을 하신 분
  경우 해당 부위 수염 부분을 잇몸으로 밀어서 잇몸을 바탕
  으로 고정 비비高 운동하십시오.
  - ㅇ 검지손가락, 가운뎃손가락, 약손가락에 돌기가 있는 고무장
  갑(소형) 손가락 부분을 잘라 착용하거나 고무 골무를 착용
  하면 더욱 강하고 효율적인 운동이 가능합니다.

○ 턱선 중앙 부분(피부가 두꺼운 부분)은 ①위로⇔아래로(30차례) ②옆에서⇔옆으로(30차례) 부분마다 십자형으로 꼼꼼하고 강하게 적용하십시오.

• 운동 주의, 수염을 기르는 분
○ 고무장갑 손가락 부분이나 고무 골무를 착용하고 운동할 경우 손가락을 수염 부분마다 고정하고 힘주어 움직이지 않는 상태서 피부만 움직이며 운동하십시오. 수염에 고정된 손가락을 움직이면서 운동하면 고무와 수염 마찰로 인해 끊어지는 수염이 발생할 수도 있습니다(고정된 손가락이 계속 미끄러운 경우 수염에 물을 축인 다음 물기를 닦고 운동하십시오).
○ 면도하는 분은 고정된 손가락이 움직이면 고무와 피부 마찰로 상처가 발생할 수도 있습니다.

✿ point 수염 부분마다 고정 비비高 운동(중요) (부분 나누기)
○ 부분마다 비비高 운동 순서는 본인의 편리에 따라 변경하여 적용하십시오.
○ 부분마다 양 손가락을 편리에 따라 번갈아 적용하시고 다른 손가락으로 비비高를 적용하는 손가락을 강하게 누른 상태로 운동합니다(단, 턱선 아래 목 수염은 마사지하듯 약하게 운동하세요).
턱선 중앙 입 아래 뾰족하게 나온 턱 부분.

- 부분마다 비비高 운동 방법·요령

  ○ 턱수염(1) 턱선 중앙(입 아래 뾰족하게 나온 턱 부분) (한 손, 위로⇔아래로, 옆에서⇔옆으로)

  ○ 턱수염(2) 턱선 중앙에서 왼쪽 1(한 손, 위로⇔아래로, 옆에서⇔옆으로)

  ○ 턱수염(3) 턱선 중앙에서 왼쪽 2(한 손, 위로⇔아래로, 옆에서⇔옆으로)

  ○ 턱수염(4) 턱선 중앙에서 오른쪽 1(한 손, 위로⇔아래로, 옆에서⇔옆으로)

  ○ 턱수염(5) 턱선 중앙에서 오른쪽 2(한 손, 위로⇔아래로, 옆에서⇔옆으로) 턱선 크기(왼쪽 귀~오른쪽 귀)에 따라 추가로 왼쪽, 오른쪽 부분을 더 나누어(위로⇔아래로, 옆에서⇔옆으로) 고정 비비高 운동을 꼼꼼하게 하십시오.

  ○ 턱수염(6) 턱선(중앙)과 아랫입술 중앙(한 손, 옆에서⇔옆으로)

  ○ 턱수염(7) 턱선(중앙)과 아랫입술 중앙에서 왼쪽(한 손, 옆에서⇔옆으로)

  ○ 턱수염(8) 왼쪽 입꼬리 부분(한 손, 옆에서⇔옆으로)

  ○ 턱수염(9) 턱선(중앙)과 아랫입술 중앙에서 오른쪽(한 손, 옆에서⇔옆으로)

  ○ 턱수염(10) 오른쪽 입꼬리 부분(한 손, 옆에서⇔옆으로)

  ○ 콧수염(인중) (한 손, 위로⇔아래로, 옆에서⇔옆으로)

  ○ 오른쪽 콧수염(한 손 위로⇔아래로, 옆에서⇔옆으로)

  ○ 왼쪽 콧수염(한 손 위로⇔아래로, 옆에서⇔옆으로)

○ 왼쪽 볼수염(한 손, 위로⇔아래로, 옆에서⇔옆으로)

○ 오른쪽 볼수염(한 손, 위로⇔아래로, 옆에서⇔옆으로) 볼수염 크기에 따라 추가로 부분을 나누어 꼼꼼히 비비高 운동하세요. 목 수염(1) 목에서~턱선(중앙) (한 손, 위로⇔아래로, 마사지하듯 약하게) 목 수염(2) 목에서~턱선(왼쪽) (한 손, 위로⇔아래로, 마사지하듯 약하게) 목 수염(3) 목에서~턱선(오른쪽) (한 손, 위로⇔아래로, 마사지하듯 약하게) 목 수염 크기에 따라 부분을 추가하여 비비高 운동을 꼼꼼히 하십시오.

■ **주의**

• 턱선 아래 목 수염 부분은 받침이 약하므로 마사지하듯 약하게 운동하십시오. 목 수염 개선을 원하지 않는 분은 목 수염 운동은 생략하십시오.
구레나룻(양손으로 양쪽을 동시에, 위로⇔아래로). 구레나룻 크기에 따라 2~4차례 부분으로 나누어 비비高 운동을 꼼꼼하게 하십시오.

■ **참고**

각자 수염 부위(얼굴 전체) 크기에 따라 위에서 설명한 부분 외 빠진 수염 부분이 있는 분은 한 가닥의 수염도 소외되지 않도록 꼼꼼하게 부분을 추가하여 고정 비비高 운동하십시오.

수염 아침 운동 마무리!

■ 수염 저녁 운동 방법

− 1단계(탈모·흰 수염은 옛날이야기 양면 비비高 운동)

• 영향력 효과

  ○ 피부 속 수염 털집마다 털싹이 돋아나도록 활력 충전.

  ○ 탈모, 흰 수염 원천 예방.

  ○ 수염 숱 덥수룩하게 개선.

• 운동 준비

  거울 앞(숙달하면 거울 없이도 운동이 가능합니다)

• 운동 주의

  양면 비비高 운동은 손가락을 입안으로 넣어서 운동하는 과정
  입니다.
  반드시 손 세정제나 비누를 사용하여 손을 깨끗이 씻고 운동
  하십시오.

• 운동 방법(양면 비비高 운동) 입안과 밖에서 강하게 털집마다
  활력 충전

  ○ 동작 1 윗입술(인중)의 콧수염(양손)

    양손 엄지손가락을 입안 윗입술(인중) 안쪽으로 집어넣어 받
    치고 양손 검지손가락(옆으로)은 입 바깥 콧수염(인중)에서
    입안 엄지손가락과 보조를 맞추면서 강하게 콧수염 부분(인
    중)을 꼼꼼하게 샅샅이 짓누르며 문지르는 동작(위에서⇒아

래로)을 50차례 반복한다.

○ 동작 2 왼쪽 콧수염 1, 오른쪽 콧수염 1, 양손으로 동시에
양손 엄지손가락은 입안에서 왼쪽, 오른쪽 콧수염 위쪽 부
분을 각각 받치고 양손 검지손가락(옆으로)은 입 바깥 왼쪽,
오른쪽 콧수염 위쪽 부분을 입안의 엄지손가락과 보조를 맞
추면서 강하게 왼쪽, 오른쪽 콧수염 위쪽 부분을 동시에 짓
누르며 문지르는 동작(위에서⇒아래로)을 50차례 반복한다.

○ 동작 3 왼쪽 콧수염 2, 오른쪽 콧수염 2, 양손으로 동시에
양손 엄지손가락은 입안에서 왼쪽, 오른쪽 콧수염 아래쪽
부분을 각각 받치고 양손 검지손가락(옆으로)은 입 바깥 왼
쪽, 오른쪽 콧수염 아래쪽 부분을 입안의 엄지손가락과 보
조를 맞추면서 강하게 왼쪽, 오른쪽 콧수염 아래쪽 부분을
동시에 짓누르며 문지르는 동작(위에서⇒아래로)을 50차례
반복한다.

○ 동작 4 왼쪽 입꼬리 수염(오른손)
오른손 엄지손가락은 입안에서 왼쪽 입꼬리 수염 부분을
받치고 검지손가락(옆으로)은 입 바깥 왼쪽 입꼬리 수염 부
분을 입안의 엄지손가락과 보조를 맞추면서 강하게 입 왼쪽
입꼬리 수염 부분을 꼼꼼하게 샅샅이 짓누르며 문지르는 동
작(왼쪽⇒오른쪽)을 50차례 반복한다.

○ 동작 5 오른쪽 입꼬리 수염(왼손)

왼손 엄지손가락은 입안에서 오른쪽 입꼬리 수염 부분을
받치고 검지손가락(옆으로)은 입 바깥 오른쪽 입꼬리 수염
부분을 입안의 엄지손가락과 보조를 맞추면서 강하게 입 오
른쪽 입꼬리 수염 부분을 꼼꼼하게 샅샅이 짓누르며 문지르
는 동작(오른쪽⇒왼쪽)을 50차례 반복한다.

○ 동작 6 왼쪽 입꼬리 아래(아랫입술 왼쪽 수염) 수염(오른손)

오른손 엄지손가락은 입안에서 왼쪽 입꼬리 아래 수염 부
분을 받치고 검지손가락(옆으로)은 입 바깥 왼쪽 입꼬리 아
래 수염 부분을 입안의 엄지손가락과 보조를 맞추면서 강하
게 왼쪽 입꼬리 아래 수염 부분을 꼼꼼하게 샅샅이 짓누르
며 문지르는 동작(아래서⇒위로)을 50차례 반복한다.

○ 동작 7 오른쪽 입꼬리 아래(아랫입술 오른쪽 수염) 수염(왼손)

왼손 엄지손가락은 입안에서 오른쪽 입꼬리 아래 수염 부분
을 받치고 검지손가락(옆으로)은 입 바깥 오른쪽 입꼬리 아
래 수염 부분을 입안의 엄지손가락과 보조를 맞추면서 강하
게 입 오른쪽 입꼬리 아래 수염 부분을 꼼꼼하게 샅샅이 짓
누르며 문지르는 동작(아래서⇒위로)을 50차례 반복한다.

○ 동작 8 턱선 중앙 턱수염(최대한 턱수염 가까이) (양손)

양손 검지손가락과 가운뎃손가락을 입안 안쪽(최대한 턱선

중앙 턱수염 가까이)으로 집어넣어 받치고 양손 엄지손가락은
입 바깥 턱선 중앙 턱수염 부분에서 입안 검지손가락, 가운
뎃손가락과 보조를 맞추면서 강하게 턱선 중앙 턱수염을 꼼
꼼하게 샅샅이 짓누르며 문지르는 동작(아래서⇒위로)을 50
차례 반복한다.
턱선 중앙 입 아래 뾰족하게 나온 턱선 부분(턱).

○ 동작 9 턱선(중앙 윗부분)~아랫입술(1) 턱수염(양손)
양손 검지손가락과 가운뎃손가락을 입안 턱선(중앙)~아랫입
술(1) 안쪽으로 집어넣어 받치고 양손 엄지손가락은 입 바
깥 턱선(중앙)~아랫입술(1) 수염 부분에서 입안 검지손가락,
가운뎃손가락과 보조를 맞추면서 강하게 턱선(중앙)~아랫입
술(1) 수염을 꼼꼼하게 샅샅이 짓누르며 문지르는 동작(아래
서⇒위로)을 50차례 반복한다.

○ 동작 10 턱선(중앙 아랫부분)~아랫입술(2) 턱수염(양손)
양손 검지손가락과 가운뎃손가락을 입안 턱선(중앙)~아랫입
술(2) 안쪽으로 집어넣어 받치고 양손 엄지손가락은 입 바
깥 턱선(중앙)~아랫입술(2) 수염 부분에서 입안 검지손가락,
가운뎃손가락과 보조를 맞추면서 강하게 턱선(중앙)~아랫입
술(2) 수염을 꼼꼼하게 샅샅이 짓누르며 문지르는 동작(아래
서⇒위로)을 50차례 반복한다.

○ 동작 11 턱선(중앙 윗부분에서 왼쪽 1, 오른쪽 1)~아랫입술(1) 턱수염(양손)

양손 검지손가락과 가운뎃손가락을 입안 턱선(왼쪽 1과 오른쪽 1)~아랫입술(1) 안쪽으로 집어넣어 받치고 양손 엄지손가락은 입 바깥 턱선(왼쪽 1과 오른쪽 1)~아랫입술(1) 턱수염 부분에서 입안 검지손가락, 가운뎃손가락과 보조를 맞추면서 강하게 턱선(왼쪽 1과 오른쪽 1)~아랫입술(1) 턱수염 부위를 꼼꼼하게 샅샅이 짓누르며 강하게 문지르는 동작(아래서 ⇒위로)을 50차례 반복한다.

○ 동작 12 턱선(중앙 아랫부분에서 왼쪽 1, 오른쪽 1)~아랫입술(2) 턱수염(양손)

양손 검지손가락과 가운뎃손가락을 입안 턱선(왼쪽 1과 오른쪽 1)~아랫입술(2) 안쪽으로 집어넣어 받치고 양손 엄지손가락은 입 바깥 턱선(왼쪽 1과 오른쪽 1)~아랫입술(2) 턱수염 부분에서 입안 검지손가락, 가운뎃손가락과 보조를 맞추면서 강하게 턱선(왼쪽 1과 오른쪽 1)~아랫입술(2) 턱수염 부위를 꼼꼼하게 샅샅이 짓누르며 강하게 문지르는 동작(아래서 ⇒위로)을 50차례 반복한다.

○ 동작 13 턱선(중앙 윗부분에서 왼쪽 2, 오른쪽 2)~아랫입술(1) 턱수염(양손)

양손 검지손가락과 가운뎃손가락을 입안 턱선(왼쪽 2와 오른

쪽 2)~아랫입술(1) 안쪽으로 집어넣어 받치고 양손 엄지손
가락은 입 바깥 턱선(왼쪽 2와 오른쪽 2)~아랫입술(1) 턱수염
부분에서 입안 검지손가락, 가운뎃손가락과 보조를 맞추면
서 강하게 턱선(왼쪽 2와 오른쪽 2)~아랫입술(1) 턱수염 부위
를 꼼꼼하게 샅샅이 짓누르며 강하게 문지르는 동작(아래서
⇒위로)을 50차례 반복한다.

○ 동작 14 턱선(중앙 아랫부분에서 왼쪽 2, 오른쪽 2)~아랫입술
(2) 턱수염(양손)
양손 검지손가락과 가운뎃손가락을 입안 턱선(왼쪽 2와 오른
쪽 2)~아랫입술(2) 안쪽으로 집어넣어 받치고 양손 엄지손
가락은 입 바깥 턱선(왼쪽 2와 오른쪽 2)~아랫입술(2) 턱수
염 부분에서 입안 검지손가락, 가운뎃손가락과 보조를 맞
추면서 강하게 턱선(왼쪽 2와 오른쪽 2) ~아랫입술(2) 턱수염
부위를 꼼꼼하게 샅샅이 짓누르며 강하게 문지르는 동작(아
래서⇒위로)을 50차례 반복한다.

○ 동작 15 턱선(중앙 윗부분에서 왼쪽 3, 오른쪽 3)~아랫입술(1)
턱수염(양손)
양손 검지손가락과 가운뎃손가락을 입안 턱선(왼쪽 3과 오른
쪽 3)~아랫입술(1) 안쪽으로 집어넣어 받치고 양손 엄지손
가락은 입 바깥 턱선(왼쪽 3과 오른쪽 3)~아랫입술(1) 턱수염
부분에서 입안 검지손가락, 가운뎃손가락과 보조를 맞추면

서 강하게 턱선(왼쪽 3과 오른쪽 3)~아랫입술(1) 턱수염 부위
를 꼼꼼하게 샅샅이 짓누르며 강하게 문지르는 동작(아래서
⇒위로)을 50차례 반복한다.

○ 동작 16 턱선(중앙 아랫부분에서 왼쪽 3, 오른쪽 3)~아랫입술
(2) 턱수염(양손)
양손 검지손가락과 가운뎃손가락을 입안 턱선(왼쪽 3과 오른
쪽 3)~아랫입술(2) 안쪽으로 집어넣어 받치고 양손 엄지손
가락은 입 바깥 턱선(왼쪽 3과 오른쪽 3)~아랫입술(2) 턱수
염 부분에서 입안 검지손가락, 가운뎃손가락과 보조를 맞추
면서 강하게 턱선(왼쪽 3과 오른쪽 3)~아랫입술(2) 턱수염 부
위를 꼼꼼하게 샅샅이 짓누르며 강하게 문지르는 동작(아래
서⇒위로)을 50차례 반복한다.

• 운동 참고
동작 11~16까지 턱선~아랫입술(1)과 (2)로 설명하는 것은 턱
선에서 아랫입술까지 엄지로 한번에 양면 비비高 동작이 어렵
기 때문에 두 번 나누어(위와 아래) 양면 비비高 운동하는 방법
입니다. 이 부분은 워낙 까다로워서 이토록 촘촘하게 해야 한
평생 탈모는 물론 흰 수염을 원천 예방할 수 있습니다.

○ 동작 17 아랫입술 라인(중앙) 수염(양손)
양손 검지손가락과 가운뎃손가락을 입안 아랫입술 라인(중

앙) 안쪽으로 집어넣어 받치고 양손 엄지손가락은 입 바깥 아랫입술 라인 수염(중앙) 부분에서 입안 검지손가락, 가운 뎃손가락과 보조를 맞추면서 강하게 아랫입술 라인(중앙) 수염 부위를 꼼꼼하게 샅샅이 짓누르며 문지르는 동작(아래서 ⇒위로)을 50차례 반복한다.

○ 동작 18 아랫입술 라인(왼쪽 1과 오른쪽 1) 수염(양손)
양손 검지손가락과 가운뎃손가락을 입안 아랫입술 라인(왼쪽 1과 오른쪽 1) 안쪽으로 집어넣어 받치고 양손 엄지손가락은 입 바깥 아랫입술 라인(왼쪽 1과 오른쪽 1) 수염 부분에서 입 안 검지손가락, 가운뎃손가락과 보조를 맞추면서 강하게 아 랫입술 라인(왼쪽 1과 오른쪽 1) 수염을 꼼꼼하게 샅샅이 짓누 르며 문지르는 동작(아래서⇒위로)을 50차례 반복한다.

양면·집게 비비高 운동 피부 속 털집(털뿌리)마다 미치는 영향력
(자동 심장 충격기 정도)

○ 동작 19 아랫입술 라인(왼쪽 2와 오른쪽 2) 수염(양손)
양손 검지손가락과 가운뎃손가락을 입안 아랫입술 라인(왼쪽 2와 오른쪽 2) 안쪽으로 집어넣어 받치고 양손 엄지손가락은 입 바깥 아랫입술 라인(왼쪽 2와 오른쪽 2) 수염 부분에서 입 안 검지손가락, 가운뎃손가락과 보조를 맞추면서 강하게 아 랫입술 라인(왼쪽 2와 오른쪽 2) 수염을 꼼꼼하게 샅샅이 짓 누르며 문지르는 동작(아래서⇒위로)을 50차례 반복한다.

- 운동 처음 1개월 정도는 연습 겸 약하게 운동하십시오. 피부가 적응하는 2개월부터는 강하게 운동하십시오.

- 수염의 놀라운 변화
  - 두 달 정도 지나면서 풍성하게 개선되는 수염을 확인할 수 있습니다.

✧ 수염 사랑 양면 비비高 운동의 파워!

엄지와 검지 집게로 털집(털뿌리, 멜라닌 세포)을 강하게 비비며 운동하는 방법으로 오직 입 부분 수염만 가능하다. 입안으로 엄지나 검지를 넣어서 받칠 수 있기 때문이다. 강도는 단연 최강이다. 처음에는 다소 어색하고 침도 묻고 피부도 아프고 불편하지만, 시간이 지나면서 적응된다. 처음에는 피부 적응을 위해 연습 겸 약하게 운동하고 한 달 정도 지나면서 피부가 적응되면 피부에 상처가 생기지 않을 정도에서 강한 운동이 좋다.

- 2단계(100세가 넘어도 검은 털북숭이 수염 그대로 집게 비비高 운동)
- 영향력 효과
  - 피부 속 털집마다 털싹이 돋아나도록 활력 충전.
  - 탈모, 흰 수염 원천 예방.
  - 덥수룩한 수염으로 개선.

- 운동 준비 거울 앞(숙달하면 거울 없이도 운동이 가능합니다)

- 운동 방법(집게 비비高 운동) (양면 비비高 운동할 수 없는 수염 부분)

  ○ 동작 1 턱선 턱수염(중앙) 한 손(왼손 or 오른손)

    턱선 중앙 피부 상태(두껍고, 단단하고)에 따라 선택 1, 2 중에서 본인에게 적절한 방법을 선택하여 운동하십시오.

    (선택 1) 엄지손가락과 검지손가락(옆으로) 집게로 턱선 턱수염(중앙) 부분을 강하게 집은 상태서 엄지로 비틀며 피부 속을 강하게 자극(문지르며)하면서 놓는다. 50차례 연속으로 반복한다. 턱의 힘 빼고 고개를 약간 수그린 상태서 운동이 수월합니다.

    턱선 턱수염 중앙 입 아래 뾰족하게 나온 턱 부분.

    (선택 2) 피부가 두꺼워 집게로 집고 비비기가 어려운 경우는 검지손가락과 가운뎃손가락, 약손가락으로 턱뼈를 받침으로 누른 채(누른 손가락은 움직이지 않고 피부는 많이 움직일수록 좋다) 좌우(옆에서⇔옆으로)로 왕복하면서 연속으로 50차례 강하게 문지른다.

  ○ 동작 2 턱선 턱수염 중앙에서(왼쪽 1) 한 손(왼손 or 오른손)

    턱선 중앙에서 왼쪽 피부 상태(두껍고, 단단하고)에 따라 선택 1, 2 중에서 본인에게 적절한 방법을 선택하여 운동하십시오.

    (선택 1) 엄지손가락과 검지손가락(옆으로) 집게로 턱선 턱수염 중앙에서 왼쪽 1 수염 부분을 강하게 집은 상태서 엄지로 비틀며 피부 속을 강하게 자극(문지르며)하면서 놓는다.

50차례 연속으로 반복한다. 턱의 힘 빼고 고개를 약간 수그린 상태서 운동이 수월합니다.

(선택 2) 피부가 두꺼워 집게로 집고 비비기가 어려운 경우는 오른손 검지손가락과 가운뎃손가락, 약손가락으로 턱뼈를 받침으로 누른 채(누른 손가락은 움직이지 않고 피부는 많이 움직일수록 좋다) 좌우(옆에서⇔옆으로)로 왕복하면서 연속으로 50차례 강하게 문지른다.

○ 동작 3 턱선 턱수염 중앙에서(오른쪽 1) 한 손(왼손 or 오른손) 턱선 중앙에서 오른쪽 피부 상태(두껍고, 단단하고)에 따라 선택 1, 2 중에서 본인에게 적절한 방법을 선택하여 운동하십시오.

(선택 1) 엄지손가락과 검지손가락(옆으로) 집게로 턱선 턱수염 중앙에서 오른쪽 1 수염 부분을 강하게 집은 상태서 엄지로 비틀며 피부 속을 강하게 자극(문지르며)하면서 놓는다. 연속으로 50차례 반복한다. 턱의 힘 빼고 고개를 약간 수그린 상태서 운동이 수월합니다.

(선택 2) 피부가 두꺼워 집게로 집고 비비기가 어려운 경우는 왼손 검지손가락과 가운뎃손가락, 약손가락으로 턱뼈를 받침으로 누른 채(누른 손가락은 움직이지 않고 피부는 많이 움직일수록 좋다) 좌우(옆에서⇔옆으로)로 왕복하면서 연속으로 50차례 강하게 문지른다.

○ 동작 4 턱선 턱수염 중앙에서(왼쪽 2) 한 손(왼손 or 오른손)
엄지손가락과 검지손가락(옆으로) 집게로 턱선 턱수염 중앙
에서 왼쪽 2 수염 부분을 강하게 집은 상태서 엄지로 비틀
며 피부 속을 강하게 자극(문지르며)하면서 놓는다. 연속으
로 50차례 반복한다.
턱의 힘 빼고 고개를 약간 수그린 상태서 운동이 수월합니다.

○ 동작 5 턱선 턱수염 중앙에서(오른쪽 2) 한 손(왼손 or 오른손)
엄지손가락과 검지손가락(옆으로) 집게로 턱선 턱수염 중앙
에서 오른쪽 2 수염 부분을 강하게 집은 상태서 엄지로 비
틀며 피부 속을 강하게 자극(문지르며)하면서 놓는다. 연속
으로 50차례 반복한다.
사람마다 턱선(왼쪽 귀~오른쪽 귀) 크기(수염 밀도)에 따라 왼쪽
으로, 오른쪽으로 추가 집게 비비高 운동이 필요한 분이 있습
니다. 본인의 판단에 따라 1~3차례 부분을 추가하여 위와 같
은 방법으로 운동을 하십시오.

○ 동작 6 구레나룻(양손) 구레나룻(털을 당기면 피부가 딸려 오
는 부분부터 수염으로 구분)
· 방법 1 양손 엄지와 검지(옆으로)로 집게를 하고 각각 양
쪽 구레나룻 부분을 강하게 집은 상태서 엄지로 비틀며
피부 속(털집)을 강하게 연속으로 부분마다 50차례씩 비
비면서 자극하고 놓는 방법입니다.

· 방법 2 양손 검지와 장지로 구레나룻 부분마다 세로로 누른 상태서 위로⇔아래로 50차례씩 강하게 문지르는 방법입니다. 피부 속 털집마다 강한 활력을 충전하는 방법입니다. 구레나룻 경우 집게 비비高 운동을 올바르게 적용해야 흰 수염을 원천 예방할 수 있습니다.

구레나룻은 한번에 운동하기가 어렵습니다. 구레나룻에서 아래턱까지 수염 부분 크기(털을 당기면 피부가 딸려 오는 위쪽 부분부터 아래턱까지)에 따라 1.5cm 간격으로 촘촘하게 3~5차례 부분으로 나누어 샅샅이 부분마다 50차례씩 운동을 하십시오(피부가 두꺼운 부위는 더욱 강하게 적용하십시오).

• 운동 요령

수염을 부분별로 기르고 일부는 면도하는 등 병행하는 경우 커트나 면도로 수염이 보이지 않더라도 꼼꼼하게 양면 비비高 운동·집게 비비高 운동·수염 고정 비비高 운동해야 탈모 및 흰 수염 발생을 원천 예방할 수 있습니다.

- 3단계(예방 운동이 수염 혁명이다 수염 부분 고정 비비高 운동)
• 운동 방법(수염 부분 고정 비비高 운동 동작) 턱선 수염부터 시작
  ○ 아침 운동(수염 부분 고정 비비高 운동) 설명(방법, 요령, 부분 나누기 등)에 따라 저녁 운동은 수염 부분마다 50차례씩 꼼꼼하게 운동하십시오.

- 4단계 운동 방법(만에 하나 흰 수염, 원상회복 흰 수염 고정 비비髙 운동)

(만에 하나 수염 운동 도중에 흰 수염이 발생한 경우)

- 영향력 효과 흰 수염을 검은 수염 그대로 원상회복.
  - 멜라닌 세포 기능 회복을 위한 운동 방법.

- 운동 요령
  - 수염을 기르는 분 경우, 흰 수염을 짧게 자르고 짧은 흰 수염 털끝을 강하게 누르며 운동하면 긴 수염을 누르고 운동하는 것 보다 회복률이 높아집니다(흰 수염을 자를 때 다른 검은 수염까지 자르지 않도록 주의하시고 2mm 미만으로 짧게 자르기를 바랍니다.
  - 턱뼈가 있는 턱선 외 흰 수염이 발생한 부분에 치아가 없거나 치아 크라운, 브릿지, 임플란트 등을 하신 분 경우 흰 수염을 잇몸으로 밀어서 잇몸을 바탕으로 고정 비비髙 운동하십시오.

- 운동 준비(거울 앞) 준비물 돌기가 있는 고무장갑 or 손가락 골무.

피부 속 흰 수염 털집(털뿌리)에 미치는 영향력 (자동 심장 충격기 정도)

✧ **운동 방법(흰 수염을 검은 수염으로) 흰 수염 고정 비비髙 운동!**

만에 하나 수염 운동 중에 흰 수염이 발생한 분, 수염 운동 전에

이미 한두 가닥 흰 수염이 발생한 분은 다음을 참고하여 검은 수염
으로 회복하세요.

- 방법(양손의 힘을 합쳐 강하게)
  흰 수염 부분에 따라 엄지손가락 or 가운뎃손가락 or 가운뎃
  손가락과 집게손가락 or 가운뎃손가락과 약손가락 중에서 선
  택한(돌기가 있는 고무장갑이나 손가락 골무를 착용하면 미끄럽지
  않고 더욱 강하게 고정 비비高 운동이 가능합니다) 다음 흰 수염
  부위에 고정하고 다른 손으로 강하게 누른 상태서 강하게 비비
  며 100차례 운동하는 방법입니다. 한번에 100차례는 힘이 많
  이 듭니다. 50차례씩 나누어 적용하거나 아침 운동 시간에 50
  차례 저녁 운동 시간에 50차례씩 나누어 적용하십시오(하루
  100차례 이상 필수).

- 고무장갑
  매번 고무장갑 착용이 불편한 경우 고무장갑(소형) 손가락 부
  분만 잘라 소지하면서 운동 때 필요한 손가락마다 번갈아 착
  용하면 효율적입니다.

- **참고**

흰 수염이 검은 수염으로 회복하는 기간은 빠르면 이틀날~늦으면
6개월 이상 걸리게 됩니다(흰 수염 털집 위치, 깊이, 받침, 미치는 강도
에 따라 차이. *멜라닌 세포의 상태에 따라 검은 수염으로 회복하지 못하

는 경우도 있습니다. 6개월까지 회복하지 못하는 흰 수염은 본인의 철학에 따라 관리하시기를 바랍니다).

고정된 피부가 움직이는 방향(위로⇔아래로, 옆에서⇔옆으로)은 관계 없습니다.

■ 주의 1

○ 흰 수염 부분에 고정된 손가락은 움직이지 않고 흰 수염 부분을 단단한 턱뼈나 잇몸에 누른 상태서 강하게 문지르며 운동하는 방법입니다.

○ 준비 자세: 흰 수염 부분에 고정된 왼쪽이나 오른쪽 손가락 위를 다른 왼쪽이나 오른쪽 손으로 강하게 누른 상태.

■ 주의 2

사진 촬영하고 관찰하며 검은 수염으로 회복할 때까지 계속하십시오.

• 요령

피부나 잇몸에서 피가 나거나 상처가 생기지 않을 정도에서 강하게 누르고(털집이 으스러지도록) 비비며 운동합니다.

• 운동 참고

볼, 목 부분의 흰 수염 두개골(뼈) 바탕이 없는 볼 부분, 목 부분에 흰 수염이 발생하여 고정 비비高 운동이 어려운 경우는 엄

지와 검지 집게로 흰 수염 털집이 으스러질 정도로 강하게 비비
는 방법으로 회복할 때까지 하루 100차례씩 운동하십시오.

수염 저녁 운동 마무리!

✄ 수염 사랑 짙고 덥수룩한 수염 이미지 한평생 그대로!

수염도 피부입니다. 얼굴처럼 매일 수염 관리를 해야 100년 평생
세상을 떠나는 날까지 흰 수염·탈모 증상 없는 건강하고 덥수룩한
수염을 유지할 수 있습니다. 또한 운동이 끝난 다음 수염 관찰을 습
관화하십시오. 특히 수염 운동 도중에 만에 하나 흰 수염이 한 가닥
이라도 발생하면 수염 저녁 운동 4단계로 초기에 진압하여 원천 차
단하십시오. 세상을 떠나는 날까지 탈모나 흰 수염을 허용하지 마십
시오.

수염 운동 언제까지? 세상을 떠나는 날까지.

수염 운동 방법에 제대로 빠르게 숙달이 되려면 한 달 정도 실습
이 필요합니다.

흰 수염 운동

(수염을 기르는 분·면도하는 분)

흰 수염을 검은 수염으로 회복 수염 숱 개선

(남성 공통)

■ 흰 수염 아침 운동

기상 후 경직된 수염 피부 이완 및 털집(털뿌리, 멜라닌 세포)마다 소모된 활력을 보충하여 일상으로 활동하는 시간에 발생하는 수염 탈모 및 흰 수염 전조 예방 운동.

■ 흰 수염 저녁 운동

취침 중 털뿌리 활력 저하, 멜라닌 세포 기능 저하로 발생하는 탈모 및 흰 수염을 원천 예방하고 이미 발생한 탈모 증상은 100% 개선, 흰 수염은 검은 그대로 원상회복하는 운동.

■ 운동을 시작한 날(년   월   일)

■ 12개월 되는 날(년   월   일)

(탈모 증상에서 벗어나는 날부터 당신의 수염 역사는 다시 시작됩니다!)

구레나룻, 콧수염, 턱수염 등 수염 탈모 증상이 없던 시절처럼
덥수룩하게 개선됨(   ).
(탈모 증상에서 벗어남. 충족 대체로 1년 정도 소요됨)

위 사항에 부합하는 경우 수염 탈모 증상에서 벗어난 분으로 흰 수염이 남아 있다면 회복할 때까지 흰 수염 운동을 계속하는 방법과 남아 있는 흰 수염과 관계없이 흰 수염 운동을 종료하고 수염 운동(예방)으로 바꿔서 매일 운동하는 방법이 있습니다.

흰 수염 운동

수염은 일상에서 많이 움직이는 장점으로 벗어진 피부 속 털집의 털뿌리가 비교적 오랫동안 살아 있다. 나라마다, 사람마다 수염 밀도에 따라 다르지만, 수염 탈모가 진행 중인 분이 흰 수염 운동하면 흰 수염 회복은 물론 수염 숱도 덥수룩하게 개선된다. 탈모 증상이 심한 분 경우도 이전 모습처럼 원상회복이 가능하다.

- ■ 흰 수염 운동(기상 후·아침 운동, 취침 전·저녁 운동)
- • 수염이 빠진 털집(털뿌리)마다 미치는 영향력

  상상 초월! 흰 수염 운동 적용 후 수염의 변화

항 목	변화·개선	느끼는 시기
증상 멈춤.	①수염 탈모 증상 멈춤. ②흰 수염 발생 멈춤.	2주부터.
살아 있는 털뿌리 재생.	살아 있는 수염 털뿌리 재생으로 피부 속 털집마다 털싹이 돋아나 덥수룩한 수염으로 개선 (살아 있는 털뿌리 있는 경우).	2개월부터.
흰 수염 회복 시작.	멜라닌 세포의 상태, 털집 위치, 깊이, 받침 및 털집에 미치는 강도, 수염의 길이 등에 따라 회복되는(속도·비율· 완성 시기) 정도가 각자 다릅니다.	이튿날부터.
흰 수염 운동 아침·저녁 운동을 매일 제대로 적용한 경우.		

✈ 기상천외 흰 수염 운동 혁명 필수 코스

- 아침 운동 수염 부분 고정 비비高 운동.

- 저녁 운동(주요 과정)

  (1단계 양면 비비高 운동)

  (2단계 집게 비비高 운동)

  (3단계 수염 부분 고정 비비高 운동)

■ 흰 수염 운동(적합한 대상자 & 적절한 타이밍)

- 흰 수염 or 탈모 증상이 발생한 분.

- 아침 운동 낮이든 밤이든 잠자리에서 일어나는 기상 후.

- 저녁 운동 낮이든 밤이든 잠자리에 드는 취침 전(or 정오~저녁 시간대).

■ **흰 수염 운동 주의할 분(전문의 상담 후 결정하세요)**

수염 이식한 분.

✄ **흰 수염 운동 시간대·소요 시간·준비물**
- 아침 운동 기상 후 세면 병행 □소요 시간 약 13분~
- 저녁 운동 정오~저녁 시간대(세면 병행) □소요 시간 약 38분~
- 준비물 거울·손 세정제 or 비누·돌기가 있는 고무장갑 or 손가락 골무 등.

✄ **수염 사랑 운동 시간은 자유롭게!**

기상 후, 아침 운동 시간이 부족한 분은 출근길 차에서, 직장(학교)에서, 휴식 시간에 틈틈이 운동하세요. 저녁 운동 경우도 정오부터 저녁 시간대에 사유롭게 운동하세요. 아침 운동 후 3시간 이상 지난 다음에 저녁 운동하는 것이 좋습니다(단계별 규정을 제대로 지키면서 운동하세요).

- 초심 '흰 수염 운동' 시작 전에 운동 과정을 반드시 이해하십시오. 흰 수염 운동 과정을 처음부터 끝까지 자세히 읽어 보시고 단계별 운동 방법, 주의 요령 등을 숙지한 다음 운동을 시작하시고 세상을 떠나는 날까지 초심을 잃지 마십시오.

✄ 수염 사랑 콧수염 등 특정 부위만 수염을 기르는 분

수염을 면도하는 분, 전체적으로 멋있게 기르는 분은 아침, 저녁 운동 과정 설명에 따라 부분마다 빠짐없이 운동하십시오. 콧수염 등 일부만 멋있게 기르는 분은 아침, 저녁 운동 단계별로 본인이 기르는 특정 수염 부분만 선택하여 운동으로 관리하십시오. 다만 운동하지 않는 부분은 탈모, 흰 수염 발생이 계속될 수 있습니다.

■ **아침 운동(탈모 개선과 흰 수염 회복의 초석 수염 부분 고정 비비高 운동)**

• 영향력 효과

　　○ 수염 탈모 멈춤 및 개선.

　　○ 흰 수염 멈춤 및 회복.

　　○ 덥수룩한 수염으로 개선과 유지.

　　○ 치아 보호.

　　○ 입주름 예방 등.

• 운동 준비 거울 앞(숙달하면 거울 없이도 운동이 가능합니다)

• 운동 방법(고정 비비高 운동 동작) 턱선 수염부터 시작

• 한 손의 ①검지손가락, 가운뎃손가락 ②가운뎃손가락, 약손가락 ③검지손가락, 가운뎃손가락, 약손가락 중 편리에 따라, 부분(부분 나누기 참고)마다 누르며 고정 비비高를 적용합니다.

○ 부분마다 고정 비비高 적용하는 손가락 위를 다른 손으로 강하게 누른 채 양손의 힘으로 강하게 문지르는 방법입니다.

○ 손가락은 움직이지 않고 피부만 움직이면서 운동합니다(피부는 많이 움직일수록 좋습니다).

○ 부분마다 100차례씩 운동합니다(아랫부분 나누기 도표를 참고하여 피부 속 털집마다 활력이 미치도록 꼼꼼하고 강하게 운동하십시오).

(차례 수염 부분마다 강하게 왕복으로 한 번 문지르면 1차례, 100차례씩 반복)

수염 부분 고정 비비高 운동이 피부 속 털집(털뿌리)마다 미치는 영향력
(자동 심장 충격기 정도)

• 운동 요령

○ 잇몸과 치아가 적응하는 한 달 정도는 약하게 연습 겸 실습하시고 잇몸과 치아가 튼튼해지는 2개월부터는 피부 속 털집을 자극하도록 강하게 운동하십시오.

○ 치아가 없거나 치아 크라운, 브릿지, 임플란트 등을 하신 분 경우 해당 수염 부분을 잇몸으로 밀어서 잇몸을 바탕으로 고정 비비高 운동하십시오.

○ 검지손가락, 가운뎃손가락, 약손가락에 돌기가 있는 고무장갑(소형) 손가락 부분을 잘라 착용하거나 고무 골무를 착용하면 더욱 강하고 효율적인 운동이 가능합니다.

○ 턱선 중앙 부분(피부가 두꺼운 부분)은 ①위로⇔아래로(100차
례) ②옆에서⇔옆으로(100차례) 부분마다 십자형으로 꼼꼼
하고 강하게 적용하십시오.

■ 운동 주의 – 수염을 기르는 분

○ 고무장갑 손가락 부분이나 고무 골무를 착용하고 운동할 경
우 손가락을 수염 부분마다 고정하고 힘주어 움직이지 않는
상태서 피부만 움직이며 운동하십시오. 수염에 고정된 손가
락을 움직이면서 운동하면 고무와 수염 마찰로 인해 끊어지
는 수염이 발생할 수도 있습니다(고정된 손가락이 계속 미끄러
운 경우 수염에 물을 축인 다음 물기를 닦고 운동하십시오).

○ 면도하는 분은 고정된 손가락이 움직이면 고무와 피부 마찰
로 상처가 발생할 수도 있습니다.

✗ point 수염 부분마다 고정 비비高 운동(중요)

(부분 나누기)

○ 부분마다 비비高 운동 순서는 본인의 편리에 따라 변경하여
적용하십시오.

○ 부분마다 양 손가락을 편리에 따라 번갈아 적용하시고 다
른 손가락으로 비비高를 적용하는 손가락을 강하게 누른
상태로 운동합니다(단, 턱선 아래 목 수염은 마사지하듯 약하게
운동하세요). 턱선 중앙 입 아래 뾰족하게 나온 턱 부분.

- 부분마다 비비高 운동 방법·요령

  o 턱수염(1) 턱선 중앙(입 아래 뾰족하게 나온 턱 부분). (한 손, 위로⇔아래로, 옆에서⇔옆으로)

  o 턱수염(2) 턱선 중앙에서 왼쪽 1(한 손, 위로⇔아래로, 옆에서⇔옆으로)

  o 턱수염(3) 턱선 중앙에서 왼쪽 2(한 손, 위로⇔아래로, 옆에서⇔옆으로)

  o 턱수염(4) 턱선 중앙에서 오른쪽 1(한 손, 위로⇔아래로, 옆에서⇔옆으로)

  o 턱수염(5) 턱선 중앙에서 오른쪽 2(한 손, 위로⇔아래로, 옆에서⇔옆으로) 턱선 크기(왼쪽 귀~오른쪽 귀)에 따라 추가로 왼쪽, 오른쪽 부분을 더 나누어(위로⇔아래로, 옆에서⇔옆으로) 고정 비비高 운동을 꼼꼼하게 하십시오.

  o 턱수염(6) 턱선(중앙)과 아랫입술 중앙(한 손, 옆에서⇔옆으로)

  o 턱수염(7) 턱선(중앙)과 아랫입술 중앙에서 왼쪽(한 손, 옆에서⇔옆으로)

  o 턱수염(8) 왼쪽 입꼬리 부분(한 손, 옆에서⇔옆으로)

  o 턱수염(9) 턱선(중앙)과 아랫입술 중앙에서 오른쪽(한 손, 옆에서⇔옆으로)

  o 턱수염(10) 오른쪽 입꼬리 부분(한 손, 옆에서⇔옆으로)

  o 콧수염(인중) (한 손, 위로⇔아래로, 옆에서⇔옆으로)

  o 오른쪽 콧수염(한 손 위로⇔아래로, 옆에서⇔옆으로)

  o 왼쪽 콧수염(한 손 위로⇔아래로, 옆에서⇔옆으로)

○ 왼쪽 볼수염(한 손, 위로⇔아래로, 옆에서⇔옆으로)

○ 오른쪽 볼수염(한 손, 위로⇔아래로, 옆에서⇔옆으로)

○ 볼수염 크기에 따라 추가로 부분을 나누어 꼼꼼히 비비高 운동하세요. 목 수염(1) 목에서~턱선(중앙) (한 손, 위로⇔아래로, 마사지하듯 약하게) 목 수염(2) 목에서~턱선(왼쪽) (한 손, 위로⇔아래로, 마사지하듯 약하게) 목 수염(3) 목에서~턱선(오른쪽) (한 손, 위로⇔아래로, 마사지하듯 약하게)

○ 목 수염 크기에 따라 부분을 추가하여 비비高 운동을 꼼꼼히 하십시오.

■ 주의

턱선 아래 목 수염 부분은 받침이 약하므로 마사지하듯 약하게 운동하십시오. 목 수염 개선을 원하지 않는 분은 목 수염 운동은 생략하십시오. 구레나룻(양손으로 양쪽을 동시에, 위로⇔아래로).

• 구레나룻 크기에 따라 2~4차례 부분으로 나누어 비비高 운동을 꼼꼼하게 하십시오.

■ 참고

각자 수염(얼굴 전체) 크기에 따라 위에서 설명한 수염 부분 외 빠진 부분이 있는 분은 한 가닥의 수염도 소외되지 않도록 꼼꼼하게 부분을 추가해서 고정 비비高 운동하십시오.

흰 수염 아침 운동 마무리!

■ **흰 수염 저녁 운동 방법**

– 1단계(털북숭이 수염으로 원상회복 양면 비비髙 운동)

• 영향력 효과

    ○ 피부 속 수염 털집마다 털싹이 돋아나도록 활력 충전.

    ○ 탈모 100% 개선과 흰 수염을 검은 수염으로 회복.

• 운동 준비 거울 앞(숙달하면 거울 없이도 운동이 가능합니다)

• 운동 주의 양면 비비髙 운동 과정은 손가락을 입안으로 넣어서
운동하는 과정입니다.
반드시 손 세정제나 비누를 사용하여 손을 깨끗이 씻고 운동
하십시오.

• 운동 방법(양면 비비髙 운동)

    ○ 입안과 밖에서 강하게 털집마다 활력 충전

    ○ 동작 1 윗입술(인중)의 콧수염(양손)

    양손 엄지손가락을 입안 윗입술(인중) 안쪽으로 집어넣어 받
치고 양손 검지손가락(옆으로)은 입 바깥 콧수염(인중)에서
입안 엄지손가락과 보조를 맞추면서 강하게 콧수염 부분(인
중)을 꼼꼼하게 샅샅이 짓누르며 문지르는 동작(위에서⇒아
래로)을 150차례 반복한다.

○ 동작 2 왼쪽 콧수염 1, 오른쪽 콧수염 1, 양손으로 동시에
양손 엄지손가락은 입안에서 왼쪽, 오른쪽 콧수염 위쪽 부
분을 각각 받치고 양손 검지손가락(옆으로)은 입 바깥 왼쪽,
오른쪽 콧수염 위쪽 부분을 입안의 엄지손가락과 보조를 맞
추면서 강하게 왼쪽, 오른쪽 콧수염 위쪽 부분을 동시에 짓
누르며 문지르는 동작(위에서⇒아래로)을 150차례 반복한다.

○ 동작 3 왼쪽 콧수염 2, 오른쪽 콧수염 2, 양손으로 동시에
양손 엄지손가락은 입안에서 왼쪽, 오른쪽 콧수염 아래쪽
부분을 각각 받치고 양손 검지손가락(옆으로)은 입 바깥 왼
쪽, 오른쪽 콧수염 아래쪽 부분을 입안의 엄지손가락과 보
조를 맞추면서 강하게 왼쪽, 오른쪽 콧수염 아래쪽 부분을
동시에 짓누르며 문지르는 동작(위에서⇒아래로)을 150차례
반복한다.

○ 동작 4 왼쪽 입꼬리 수염(오른손)
오른손 엄지손가락은 입안에서 왼쪽 입꼬리 수염 부분을
받치고 검지손가락(옆으로)은 입 바깥 왼쪽 입꼬리 수염 부
분을 입안의 엄지손가락과 보조를 맞추면서 강하게 입 왼쪽
입꼬리 수염 부분을 꼼꼼하게 샅샅이 짓누르며 문지르는 동
작(왼쪽⇒오른쪽)을 150차례 반복한다.

○ 동작 5 오른쪽 입꼬리 수염(왼손)

왼손 엄지손가락은 입안에서 오른쪽 입꼬리 수염 부분을 받치고 검지손가락(옆으로)은 입 바깥 오른쪽 입꼬리 수염 부분을 입안의 엄지손가락과 보조를 맞추면서 강하게 입 오른쪽 입꼬리 수염 부분을 꼼꼼하게 샅샅이 짓누르며 문지르는 동작(오른쪽⇒왼쪽)을 150차례 반복한다.

○ 동작 6 왼쪽 입꼬리 아래(아랫입술 왼쪽 수염) 수염(오른손)
오른손 엄지손가락은 입안에서 왼쪽 입꼬리 아래 수염 부분을 받치고 검지손가락(옆으로)은 입 바깥 왼쪽 입꼬리 아래 수염 부분을 입안의 엄지손가락과 보조를 맞추면서 강하게 왼쪽 입꼬리 아래 수염 부분을 꼼꼼하게 샅샅이 짓누르며 문지르는 동작(아래서⇒위로)을 150차례 반복한다.

○ 동작 7 오른쪽 입꼬리 아래(아랫입술 오른쪽 수염) 수염(왼손)
왼손 엄지손가락은 입안에서 오른쪽 입꼬리 아래 수염 부분을 받지고 검지손가락(옆으로)은 입 바깥 오른쪽 입꼬리 아래 수염 부분을 입안의 엄지손가락과 보조를 맞추면서 강하게 입 오른쪽 입꼬리 아래 수염 부분을 꼼꼼하게 샅샅이 짓누르며 문지르는 동작(아래서⇒위로)을 150차례 반복한다.

○ 동작 8 턱선 중앙 턱수염(최대한 턱수염 가까이) (양손)
양손 검지손가락과 가운뎃손가락을 입안 안쪽(최대한 턱선

중앙 턱수염 가까이)으로 집어넣어 받치고 양손 엄지손가락은
입 바깥 턱선 중앙 턱수염 부분에서 입안 검지손가락, 가운
뎃손가락과 보조를 맞추면서 강하게 턱선 중앙 턱수염을 꼼
꼼하게 샅샅이 짓누르며 문지르는 동작(아래서⇒위로)을 150
차례 반복한다.
턱선 중앙 입 아래 뾰족하게 나온 턱선 부분(턱)

○ 동작 9 턱선(중앙 윗부분)~아랫입술(1) 턱수염(양손)
양손 검지손가락과 가운뎃손가락을 입안 턱선(중앙)~아랫입
술(1) 안쪽으로 집어넣어 받치고 양손 엄지손가락은 입 바
깥 턱선(중앙)~아랫입술(1) 수염 부분에서 입안 검지손가락,
가운뎃손가락과 보조를 맞추면서 강하게 턱선(중앙)~아랫입
술(1) 수염을 꼼꼼하게 샅샅이 짓누르며 문지르는 동작(아래
서⇒위로)을 150차례 반복한다.

○ 동작 10 턱선(중앙 아랫부분)~아랫입술(2) 턱수염(양손)
양손 검지손가락과 가운뎃손가락을 입안 턱선(중앙)~아랫입
술(2) 안쪽으로 집어넣어 받치고 양손 엄지손가락은 입 바
깥 턱선(중앙)~아랫입술(2) 수염 부분에서 입안 검지손가락,
가운뎃손가락과 보조를 맞추면서 강하게 턱선(중앙)~아랫입
술(2) 수염을 꼼꼼하게 샅샅이 짓누르며 문지르는 동작(아래
서⇒위로)을 150차례 반복한다.

○ 동작 11 턱선(중앙 윗부분에서 왼쪽 1, 오른쪽 1)~아랫입술(1)
턱수염(양손)

양손 검지손가락과 가운뎃손가락을 입안 턱선(왼쪽 1과 오른
쪽 1)~아랫입술(1) 안쪽으로 집어넣어 받치고 양손 엄지손
가락은 입 바깥 턱선(왼쪽 1과 오른쪽 1)~아랫입술(1) 턱수염
부분에서 입안 검지손가락, 가운뎃손가락과 보조를 맞추면
서 강하게 턱선(왼쪽 1과 오른쪽 1)~아랫입술(1) 턱수염 부분
을 꼼꼼하게 샅샅이 짓누르며 강하게 문지르는 동작(아래서
⇒위로)을 150차례 반복한다.

○ 동작 12 턱선(중앙 아랫부분에서 왼쪽 1, 오른쪽 1)~아랫입술
(2) 턱수염(양손)

양손 검지손가락과 가운뎃손가락을 입안 턱선(왼쪽 1과 오른
쪽 1)~아랫입술(2) 안쪽으로 집어넣어 받치고 양손 엄지손
가락은 입 바깥 턱선(왼쪽 1과 오른쪽 1)~아랫입술(2) 턱수염
부분에서 입안 검지손가락, 가운뎃손가락과 보조를 맞추면
서 강하게 턱선(왼쪽 1과 오른쪽 1)~아랫입술(2) 턱수염 부분
을 꼼꼼하게 샅샅이 짓누르며 강하게 문지르는 동작(아래서
⇒위로)을 150차례 반복한다.

○ 동작 13 턱선(중앙 윗부분에서 왼쪽 2, 오른쪽 2)~아랫입술(1)
턱수염(양손)

양손 검지손가락과 가운뎃손가락을 입안 턱선(왼쪽 2와 오른

쪽 2)~아랫입술⑴ 안쪽으로 집어넣어 받치고 양손 엄지손
가락은 입 바깥 턱선(왼쪽 2와 오른쪽 2)~아랫입술⑴ 턱수염
부분에서 입안 검지손가락, 가운뎃손가락과 보조를 맞추면
서 강하게 턱선(왼쪽 2와 오른쪽 2)~아랫입술⑴ 턱수염 부분
을 꼼꼼하게 샅샅이 짓누르며 강하게 문지르는 동작(아래서
⇒위로)을 150차례 반복한다.

○ 동작 14 턱선(중앙 아랫부분에서 왼쪽 2, 오른쪽 2)~아랫입술
⑵ 턱수염(양손)
양손 검지손가락과 가운뎃손가락을 입안 턱선(왼쪽 2와 오른
쪽 2)~아랫입술⑵ 안쪽으로 집어넣어 받치고 양손 엄지손
가락은 입 바깥 턱선(왼쪽 2와 오른쪽 2)~아랫입술⑵ 턱수
염 부분에서 입안 검지손가락, 가운뎃손가락과 보조를 맞추
면서 강하게 턱선(왼쪽 2와 오른쪽 2)~아랫입술⑵ 턱수염 부
분을 꼼꼼하게 샅샅이 짓누르며 강하게 문지르는 동작(아래
서⇒위로)을 150차례 반복한다.

○ 동작 15 턱선(중앙 윗부분에서 왼쪽 3, 오른쪽 3)~아랫입술⑴
턱수염(양손)
양손 검지손가락과 가운뎃손가락을 입안 턱선(왼쪽 3과 오른
쪽 3)~아랫입술⑴ 안쪽으로 집어넣어 받치고 양손 엄지손
가락은 입 바깥 턱선(왼쪽 3과 오른쪽 3)~아랫입술⑴ 턱수염
부분에서 입안 검지손가락, 가운뎃손가락과 보조를 맞추면

서 강하게 턱선(왼쪽 3과 오른쪽 3)~아랫입술(1) 턱수염 부분
을 꼼꼼하게 샅샅이 짓누르며 강하게 문지르는 동작(아래서
⇒위로)을 150차례 반복한다.

○ 동작 16 턱선(중앙 아랫부분에서 왼쪽 3, 오른쪽 3)~아랫입술
 ⑵ 턱수염(양손)
 양손 검지손가락과 가운뎃손가락을 입안 턱선(왼쪽 3과 오른
 쪽 3)~아랫입술⑵ 안쪽으로 집어넣어 받치고 양손 엄지손
 가락은 입 바깥 턱선(왼쪽 3과 오른쪽 3)~아랫입술⑵ 턱수
 염 부분에서 입안 검지손가락, 가운뎃손가락과 보조를 맞추
 면서 강하게 턱선(왼쪽 3과 오른쪽 3)~아랫입술⑵ 턱수염 부
 분을 꼼꼼하게 샅샅이 짓누르며 강하게 문지르는 동작(아래
 서⇒위로)을 150차례 반복한다.

• 운동 참고
 동작 11~16까지 턱선~아랫입술⑴과 ⑵로 설명하는 것은 턱선
 에서 아랫입술까지 엄지로 한번에 비비高 운동이 어렵기 때문에
 두 번 나누어(위와 아래) 양면 비비高 운동하는 방법입니다. 이
 부분은 워낙 까다로워서 이토록 촘촘하게 운동해야 탈모 100%
 개선과 흰 수염 회복은 물론 한평생 탈모 및 흰 수염을 원천 예
 방할 수 있습니다.

○ 동작 17 아랫입술 라인(중앙) 수염(양손)

양손 검지손가락과 가운뎃손가락을 입안 아랫입술 라인(중앙) 안쪽으로 집어넣어 받치고 양손 엄지손가락은 입 바깥 아랫입술 라인 수염(중앙) 부분에서 입안 검지손가락, 가운뎃손가락과 보조를 맞추면서 강하게 아랫입술 라인(중앙) 수염 부분을 꼼꼼하게 샅샅이 짓누르며 문지르는 동작(아래서⇒위로)을 150차례 반복한다.

○ 동작 18 아랫입술 라인(왼쪽 1과 오른쪽 1) 수염(양손)

양손 검지손가락과 가운뎃손가락을 입안 아랫입술 라인(왼쪽 1과 오른쪽 1) 안쪽으로 집어넣어 받치고 양손 엄지손가락은 입 바깥 아랫입술 라인(왼쪽 1과 오른쪽 1) 수염 부분에서 입안 검지손가락, 가운뎃손가락과 보조를 맞추면서 강하게 아랫입술 라인(왼쪽 1과 오른쪽 1) 수염을 꼼꼼하게 샅샅이 짓누르며 문지르는 동작(아래서⇒위로)을 150차례 반복한다.

양면·집게 비비高 운동 피부 속 털집마다 미치는 영향력

(자동 심장 충격기 정도)

○ 동작 19 아랫입술 라인(왼쪽 2와 오른쪽 2) 수염(양손)

양손 검지손가락과 가운뎃손가락을 입안 아랫입술 라인(왼쪽 2와 오른쪽 2) 안쪽으로 집어넣어 받치고 양손 엄지손가락은 입 바깥 아랫입술 라인(왼쪽 2와 오른쪽 2) 수염 부분에

서 입안 검지손가락, 가운뎃손가락과 보조를 맞추면서 강하
게 아랫입술 라인(왼쪽 2와 오른쪽 2) 수염을 꼼꼼하게 샅샅
이 짓누르며 문지르는 동작(아래서⇒위로)을 150차례 반복
한다.

- 운동 처음 1개월 정도는 연습 겸 약하게 운동하십시오. 처음부
  터 강하게 하면 피부에 상처가 발생합니다. 피부가 적응하는 2
  개월부터는 피부 속 털집마다 행복하고 털뿌리마다 살맛이 나
  도록 강하게 ⇒ 갈수록 더 강하게 운동하십시오.

- 덥수룩한 수염으로 변화 두 달 정도 지나면서 덥수룩하게 개
  선되는 수염을 확인할 수 있습니다.

– 2단계(탈모 100% 개선 및 검은 털북숭이 수염 그대로 집게 비비高
  운동)
- 영향력 효과
  ○ 수염이 벗어진 피부 속 털집마다 털싹이 돋아나도록 활력
    충전.
  ○ 탈모 개선 및 흰 수염 회복, 덥수룩한 수염으로 개선.

- 운동 준비 거울 앞(숙달하면 거울 없이도 운동이 가능합니다)

• 운동 방법(집게 비비高 운동) 양면 비비高 운동을 할 수 없는 수염 부위

○ 동작 1 턱선 턱수염(중앙) 한 손(왼손 or 오른손)

턱선 중앙 피부 상태(두껍고, 단단하고)에 따라 선택 1, 2 중에서 본인에게 적절한 방법을 선택하여 운동하십시오.

(선택 1) 엄지손가락과 검지손가락(옆으로) 집게로 턱선 턱수염(중앙) 부분을 강하게 집은 상태서 엄지로 비틀며 피부 속을 강하게 자극(문지르며)하면서 놓는다. 150차례 연속으로 반복한다.

턱의 힘 빼고 고개를 약간 수그린 상태서 집게 비비高 운동이 수월합니다.

턱선 턱수염 중앙 입 아래 뾰족하게 나온 턱 부분.

(선택 2) 피부가 두꺼워 집게로 집고 비비高 운동이 어려운 경우는 검지손가락과 가운뎃손가락, 약손가락으로 턱뼈를 받침으로 누른 채(누른 손가락은 움직이지 않고 피부는 많이 움직일수록 좋다) 좌우(옆에서⇔옆으로)로 왕복하면서 150차례 강하게 문지른다.

○ 동작 2 턱선 턱수염 중앙에서(왼쪽 1) 한 손(왼손 or 오른손)

턱선 중앙에서 왼쪽 피부 상태(두껍고, 단단하고)에 따라 선택 1, 2 중에서 본인에게 적절한 방법을 선택하여 운동하십시오.

(선택 1) 엄지손가락과 검지손가락(옆으로) 집게로 턱선 턱수

염 중앙에서 왼쪽 1 수염 부분을 강하게 집은 상태서 엄지로 비틀며 피부 속을 강하게 자극(문지르며)하면서 놓는다. 150차례 연속으로 반복한다. 턱의 힘 **빼고** 고개를 약간 수그린 상태서 집게 비비高 운동이 수월합니다.

(선택 2) 피부가 두꺼워 집게로 집고 비비高 운동이 어려운 경우는 오른손 검지손가락과 가운뎃손가락, 약손가락으로 턱**뼈**를 받침으로 누른 채(누른 손가락은 움직이지 않고 피부는 많이 움직일수록 좋다) 좌우(옆에서⇔옆으로)로 왕복하면서 연속으로 150차례 강하게 문지른다.

○ 동작 3 턱선 턱수염 중앙에서(오른쪽 1) 한 손(왼손 or 오른손) 턱선 중앙에서 오른쪽 피부 상태(두껍고, 단단하고)에 따라 선택 1, 2 중에서 본인에게 적절한 방법을 선택하여 운동하십시오.

(선택 1) 엄지손가락과 검지손가락(옆으로) 집게로 턱선 턱수염 중앙에서 오른쪽 1 수염 부분을 강하게 집은 상태서 엄지로 비틀며 피부 속을 강하게 자극(문지르며)하면서 놓는다. 연속으로 150차례 반복한다. 턱의 힘 **빼고** 고개를 약간 수그린 상태서 집게 비비高 운동이 수월합니다.

(선택 2) 피부가 두꺼워 집게로 집고 비비高 운동이 어려운 경우는 왼손 검지손가락과 가운뎃손가락, 약손가락으로 턱**뼈**를 받침으로 누른 채(누른 손가락은 움직이지 않고 피부는 많이 움직일수록 좋다) 좌우(옆에서⇔옆으로)로 왕복하면서 연

속으로 150차례 강하게 문지른다.

O 동작 4 턱선 턱수염 중앙에서(왼쪽 2) 한 손(왼손 or 오른손)
엄지손가락과 검지손가락(옆으로) 집게로 턱선 턱수염 중앙
에서 왼쪽 2 수염 부위를 강하게 집은 상태서 엄지로 비틀
며 피부 속을 강하게 자극(문지르며)하면서 놓는다. 연속으
로 150차례 반복한다.
턱의 힘 빼고 고개를 약간 수그린 상태서 집게 비비高 운동
이 수월합니다.

O 동작 5 턱선 턱수염 중앙에서(오른쪽 2) 한 손(왼손 or 오른손)
엄지손가락과 검지손가락(옆으로) 집게로 턱선 턱수염 중앙
에서 오른쪽 2 수염 부분을 강하게 집은 상태서 엄지로 비
틀며 피부 속을 강하게 자극(문지르며)하면서 놓는다. 연속
으로 150차례 반복한다.

사람마다 턱선(왼쪽 귀~오른쪽 귀) 크기(수염 분포)에 따라 왼쪽으
로, 오른쪽으로 추가 집게 비비高 운동이 필요한 분이 있습니다. 본
인의 판단에 따라 1~3차례 부분을 추가하여 위와 같이(옆에서⇔옆
으로) (아래⇔위로) 집게 비비高 운동을 하십시오.

O 동작 6 구레나룻(양손) 구레나룻(털을 당기면 피부가 딸려 오
는 부분부터 수염으로 구분)
· 방법 1 양손 엄지와 검지(옆으로)로 집게를 하고 각각 양

쪽 구레나룻 부위를 강하게 집은 상태서 엄지로 비틀며 피부 속(털집)을 강하게 부분마다 연속으로 150차례씩 비비면서 자극하고 놓는 방법입니다.

· 방법 2 양손 검지와 장지로 구레나룻 부분마다 세로로 누른 상태서 위로⇔아래로 150차례씩 강하게 문지르는 방법입니다. 피부 속 털집마다 강한 활력을 충전하는 방법입니다. 구레나룻 경우 집게 비비高 운동을 올바르게 적용해야 흰 수염 회복 및 원천 예방할 수 있습니다.
남자 구레나룻은 한번에 운동하기가 어렵습니다. 구레나룻에서 아래턱까지 수염 부분 크기(털을 당기면 피부가 딸려 오는 위쪽 부분부터 아래턱까지)에 따라 1.5cm 간격으로 촘촘하게 3~5차례 부분으로 나누어 샅샅이 부분마다 150차례씩 집게 비비高 운동하십시오(피부가 두꺼운 윗부분은 더욱 강하게 적용하십시오).

■ **구레나룻**

　머리 커트나 면도(구레나룻을 기르지 않는 분) 등으로 구레나룻이 짧은 경우(육안으로 털이 보이지 않아도) 꼼꼼하게 1.5cm 간격으로 집게 비비高 운동(150차례씩)을 하십시오(수염을 부분별로 기르고 일부는 면도하는 등 병행하는 경우 면도로 수염이 보이지 않더라도 꼼꼼하게 양면 비비高 운동·집게 비비高 운동·수염 고정 비비高 운동해야 탈모 개선, 흰 수염 회복은 물론 원천 예방할 수 있습니다).

■ 양면 비비高 운동·집게 비비高 운동

수염이 많이 벗어진 경우 일부 수염이 남아 있는 부분을 중심으로 운동하지 마시고 수염은 없지만 예전에 수염이 있던 부분까지 부분마다 샅샅이 양면 비비高 운동과 집게 비비高 운동을 꼼꼼하게 하십시오.

- 3단계(탈모 개선과 흰 수염 회복의 지름길 수염 부분 고정 비비高 운동)
• 영향력 효과
  ○ 멜라닌 세포 기능 회복을 위한 운동 방법.
  ○ 탈모 증상 100% 개선.

• 운동 방법(1) 탈모 증상이 심하지 않은 분, 흰 수염 발생이 소수인 분
  (검은 수염 그대로 수염 부분 고정 비비高 운동) 턱선 수염부터 시작 아침 운동(수염 부분 고정 비비高 운동) 설명(방법, 요령, 부분 나누기 등)에 따라 저녁 운동도 수염 부분마다 100차례씩 꼼꼼하게 운동하십시오.

• 운동 방법(2) 탈모 증상이 심한 분, 흰 수염 발생이 많은 분
  (검은 수염 그대로 수염 부분 고정 비비高 운동) 턱선 수염부터 시작 아침 운동(수염 부분 고정 비비高 운동) 설명(방법, 요령, 부분 나누기 등)에 따라 저녁 운동은 수염 부분마다 200차례씩 꼼꼼하게 운동하십시오.

- 운동 요령
  - ○ 운동 방법(2) 경우는 100차례씩 두 번 나누어 운동하십시오. 고정 비비高 운동으로 탈모 증상 100% 개선은 물론 흰 수염 회복률이 높지만 반면에 힘이 많이 드는 운동입니다. 양면 비비高 운동, 집게 비비高 운동과 같이 일상에서, 직장에서, 운전 중에 틈틈이 운동하면 효율적입니다.
  - ○ 고정 비비高 운동이 어려운 볼수염, 목 수염 등은 집게 비비高 운동(하루 100차례 이상)으로 흰 수염을 회복하십시오.

흰 수염 저녁 운동 마무리!

- **수염 관찰**
- 흰 수염 운동 전에 수염 부분을 촬영하십시오.
  - ① 흰 수염이 검은 수염으로 회복되기 시작하는 시기~원상회복까지, 만족 여부.
  - ② 수염이 덥수룩하게 개선되는지 여부 등을 1개월마다 관찰·비교·평가 등을 습관화해야 체계적인 관리로 한평생 멋진 덥수룩한 수염을 유지할 수 있습니다.

- 흰 수염 운동, 언제까지?
  흰 수염이 검은 수염으로 회복될 때까지 or 본인이 만족할 때까지 운동한 다음 예방, 수염 운동으로 바꿔서 세상을 떠나는 날까지.

흰 수염 운동 방법에 제대로 빠르게 숙달이 되려면 한 달 정도 실
습이 필요합니다.

털의 혁명

펴 낸 날 2026년 4월 21일

지 은 이 김인식
펴 낸 이 이기성
기획편집 권희연, 최인용, 이서은
표지디자인 권희연
책임마케팅 이수영, 김정훈
펴 낸 곳 도서출판 생각나눔
출판등록 제 2018-000288호
주   소 경기도 고양시 덕양구 청초로 66, 덕은리버워크 B동 1708, 1709호
전   화 02-325-5100
팩   스 02-325-5101
이 메 일 bookmain@think-book.com

• 책값은 표지 뒷면에 표기되어 있습니다.
  ISBN   979-11-7643-003-6(03590)